U0274955

普通高等教育农业农村部"十三五"规划教材
全国高等农林院校"十三五"规划教材

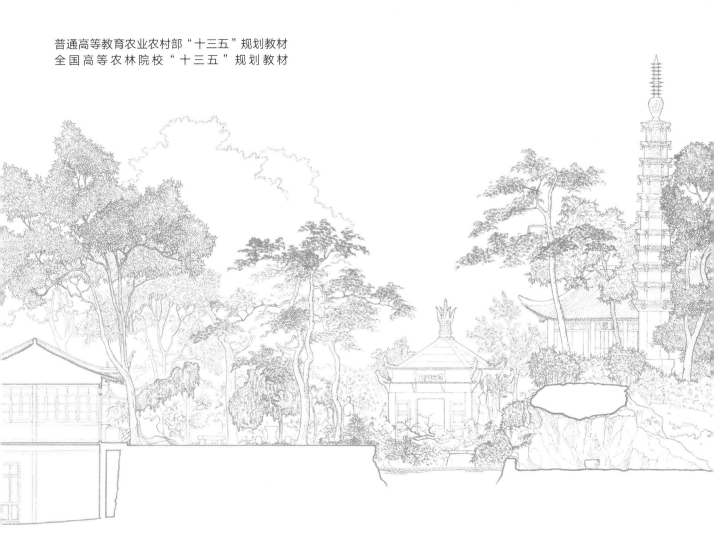

风景园林
综合实习指导
——江南篇

裴鸿菲 ◎ 主编

中国农业出版社
北　京

风景园林综合实习指导——江南篇
编 委 会

主　编　裴鸿菲

副主编　吴雪飞　杜雁

参　编　（以姓氏笔画排序）

丁静蕾　王　玏　叶　莺

朱春阳　刘文平　刘倩如

江　岚　阴帅可　李静波

杨　璐　杨　麟　杨叠川

吴昌广　汪　民　张　炜

张　健　张　斌　张　群

张婧雅　夏　欣　夏海燕

章　莉

前　言

　　风景园林是综合性较强的学科，具有科学与艺术、理工与人文相结合的特点，要求学生具有较宽广的知识面和较强的形象思维与抽象思维能力。风景园林综合实习是风景园林专业教学中的重要环节之一，通过对不同地区、不同类型和不同层次的风景园林进行实地考察，从文化艺术、规划布局、工程技术等角度让学生获得感性认识，将理论与实践有机结合，拓宽知识面，提高学生的综合素质。

　　《风景园林综合实习指导——江南篇》涵盖了风景园林所涉及的各种绿地类型。苏州、杭州和上海等地城市建设历史悠久，园林数量众多，汇集了闻名中外的古典园林、风景名胜区和现代城市园林。本教材精选苏州及周边地区、杭州和上海等地的优秀园林实例，介绍了案例背景，明确提出了实习目的和要求，从明旨、相地、立意、布局、理微等方面详细分析了实习内容，并结合各实习的内容和特点，布置了相关实习作业和思考题，力求为广大师生提供教学指导和参考。

　　本教材是风景园林、园林专业的本科实践教学用书，可作为风景园林研究生和工作者的参考用书，也可供城乡规划、环境艺术等相关专业人员参考使用。

　　在本教材的编写过程中，裘鸿菲负责统稿及杭州园林部分审核工作，杜雁负责苏州及周边地区园林部分审核工作，吴雪飞负责上海园林部分审核工作。编写过程中参考与引用了大量文献，在此对原作者表示感谢。由于编者学识所限，不足之处，恳请读者批评指正。

编　者

2021 年 10 月

目　录

第一章

苏州及周边地区园林

第一节　苏州园林发展概况

苏州位于长江三角洲中部、江苏省东南部。东傍上海，南接浙江，西抱太湖，北依长江，总面积 8 657.32 km²，属亚热带季风海洋性气候，四季分明，气候温和，雨量充沛。市内地势低平，境内河流纵横、湖泊众多，河流、湖泊、滩涂面积占全市土地面积的 36.6%，是著名的江南水乡，土地肥沃，物产丰富，种植水稻、小麦、油菜，出产棉花、蚕桑、莲藕等。

苏州城始建于公元前 514 年，自吴王阖闾命伍子胥筑吴国都城阖闾大城以来，已有 2 500 多年历史。目前苏州城仍然坐落在春秋时代的位置上，基本保持着古代"水陆并行、河街相邻"的双棋盘格局，以小桥流水、粉墙黛瓦、史迹名园为独特风貌，是全国首批历史文化名城之一，为全国重点旅游城市。全市现有文物保护单位 870 处，其中国家级 61 处，省级 127 处。

苏州园林在中国园林史上占有重要地位，现保存完好的有 60 余个。其中沧浪亭、狮子林、留园、拙政园、网师园、环秀山庄、退思园、艺圃、耦园先后于 1997 年 12 月和 2000 年 11 月被联合国教科文组织列入《世界遗产名录》。虎丘、盘门、灵岩山、天平山、虞山等自古以来都是著名风景名胜地，太湖国家级风景名胜区绝大部分景区、景点分布在苏州境内。

（一）苏州园林的起源

苏州园林的起源较阖闾城的出现更早。如今所能见到的最早记载是唐人陆广微在《吴地记》中所写的吴王寿梦的"夏驾湖"。据后人考证，"夏驾湖"位于今天苏州城内吴趋坊一带。当年寿梦为盛夏避暑纳凉，在此"凿湖池，置苑囿"，故名"夏驾湖"。到阖闾建城，"夏驾湖"又在原有基础上进行了增筑改建，成为阖闾、夫差两代君主的游乐之所。吴王阖闾又利用苏州郊外的自然山水，兴建长洲苑和姑苏台。夫差更是扩建姑苏台，在灵岩山巅为西施营建馆娃宫，皆规模宏伟。据史料统计，在阖闾建都之后的 40 多年间，在吴城附近先后兴建的苑囿，还有梧桐园、虎丘、消夏湾等。

（二）秦汉到六朝时期

吴国灭亡之后，其地为越国所有，不久越国又被楚国所灭。楚国春申君黄歇于公元前 248 年领江东吴国旧地，始对荒废了 200 余年的吴城宫室重加修造。春申君父子在治吴期间，对当地颇多建树，单在兴修水利方面，就对城中居民免遭水患做出了较大贡献。此外还有桃夏宫、吴市、吴诸里大闸、吴狱庭等的营建活动。史书中有"春申君都吴宫，因加巧饰"之说，但由于记载疏略，难以了解更多的详细情况。

秦始皇并吞六国后，分天下为三十六郡，于吴越之地置会稽郡，原吴城及周边地区建为吴县，成了郡治的所在地，因有春秋吴国宫苑的遗存，仍可看到这一时期不少有关造园活动的痕迹。西汉吴王刘濞居吴时，也曾对原来遗留的长洲苑进行了大规模的修葺，效法皇宫御苑，建长洲茂苑；东汉年间，私家园林也开始见诸记载。三国孙权时，苏州已成为"江南第一大都会"，建有芳林苑、落星苑，并造塔营建寺观。

此后江南虽经历三国东吴、东晋及之后的六朝更迭和战乱，但较之中原地区仍相对显得安定，大批躲避战争的人向南迁徙带来了劳力和先进的生产技术。北方士族与江南土著文人的融合促进了当地文化的发展。自第一次衣冠南渡开始，江南地区逐渐繁荣并成为全国的经济中心，给大型府宅的营建提供了条件。东晋的"顾辟疆园"是当时的吴中第一名园，该园以竹树怪石闻名于当时，有"池馆林泉之胜，号吴中第一"之誉。

南北朝时，出于政治需要，统治者极力推崇佛教，出现了大量由国家出资兴建的寺庙，梁武帝三次到铜泰寺舍身为僧，佛教从形式上得到了推广和普及。一部分达官显贵将私宅和园林捐献出来改作寺院，即"舍宅为寺"，对佛教建筑中国化产生促进作用，园宅的花木环境也由此带入寺庙之中，出现了后人所称的"寺观园林"。仅梁武帝在位四十五年中，苏州寺庙就有三十二处，寒山寺、灵岩寺、光福寺等都是当时所建。

（三）隋唐五代时期

从隋代至唐代三百多年间，江南社会相对安定，经济中心南移，隋代大运河的开凿通航，使苏州日趋繁华富庶成为江南之冠。《吴郡志》说："唐时，苏之繁雄，固为浙右第一。"一些世族豪门、官宦以及文人雅士聚居吴中，为文化艺术的发展提供了充分条件，诗画入园，与园景相融的造园手法被广泛运用，促进了园林艺术向写意风格的发展。太湖石已成为欣赏对象和造园材料，对苏州造园产生了深远影响。赏花亦成时尚，园内以花木茂盛为胜。

唐代中前期，苏州园林基本承袭六朝以来的遗风，广府大宅，豪奢绮丽。如"辟疆东晋日，孙园盛唐时"的"孙园"，又如苏州望族褚氏的"褚家林亭"，皆极豪奢。到唐代后期，山居别业逐渐进入城乡之间。如晚唐诗人陆龟蒙隐居于"不出郛郭，旷若郊墅"的临顿里，"山林隐逸"很自然地转到了城市之中，发展为"城市山林"。此外，当时的虎丘、灵岩、石湖和洞庭东、西山等，已是以自然山水为主，追求野趣的游览胜地。

五代十国时期北方纷争扰攘，江南尤其是吴越却相安太平，苏州经济继续发展，成为全国最富饶的地区之一，官僚贵族的造园活动极盛。钱氏三代人在治吴的80余年中兴建了大量的府宅和园林，钱镠之子钱元璙"好治园林"，建造了规模宏大的南园和东庄。其部将孙承祐也在南园之侧"积土为山，因以潴水"建有园池，到宋代，该址为苏舜钦所得，建为"沧浪亭"。除上述之外，钱氏还建有东圃、金谷园等多处园林以及虎丘云岩寺、开元寺等寺庙。

（四）宋元时期

宋代苏州繁盛之状超过以往，有"苏湖熟，天下足"之美誉，造园活动更趋活跃，形成一个高峰时期。一方面高堂广宅式的府宅园林仍十分流行。如蒋堂的隐圃，内建岩局、烟萝亭、风篁亭、香岩峰诸景，又有溪池、水月庵、南湖台等。为宋徽宗采集花石纲的朱勔也乘机在盘门内旧宅起高堂、广园池，造同乐园（元代为绿水园），园大一里，广植牡丹，珍木奇石不计其数，其中更有十八个鱼池，分养各类观赏鱼。另一方面，自晚唐以来渐成风气的文人造园已十分普遍，造园已大量融入写意山水艺术，艺术风格更加文人化。如苏舜钦的沧浪亭、史正志的万卷堂（网师园前身）、朱长文的乐圃、蒋希鲁的隐园及姚淳、戴颙等人所造园林。园中固然仍是山水花木，但其中的旨趣却是将花园当作隐逸山林。

此外，苏州郊外许多风景优胜之地如石湖、天池山、洞庭东山与西山等，先后出现大批地主官僚的私园和别墅，如范成大的"石湖别墅"。同时，酒楼茶馆市肆中的园林虽源于唐代，至此也风靡一时。官方还建造了接待内外宾客的姑苏馆、望云馆、高丽亭、吴门亭等，其中多置庭院植花木。由于南宋最高统治集团终日沉湎于临安的山清水秀和歌舞升平，诸多的公卿大夫也在周边繁庶的地方营宅造园。吴兴成了官宦主要的退居之地，仅周密《吴兴园林记》所载"常所经游"的园林就有 36 处之多。"上有天堂，下有苏杭"广为流传。

元代因忙于征战，国家经济处于滞缓状态，一些文人因不屈于外族的统治，常将山水作为平抚胸中愤懑的良方，从而使园林兴建有所发展。元代苏州地区出现的园林大多建于乡村，其原因，主要是当时元代的统治者对城市的控制较严，而文人们又不愿生活在备受歧视的环境之中，于是山林隐逸的思想又将他们带到了城镇和乡村。如高士袁易的静春别墅、顾德辉的别墅玉山草堂等。狮子林是元代时苏州城中最负盛名的一座园林，除此之外，在苏州称王的张士诚，造有锦春园，园内假山池塘，厅堂楼阁，式式俱全。

（五）明清时期

明代前期，苏州地区的造园活动未有太大的发展。由于吴地在元末曾是张士诚的势力范围，并将苏州建为都城，因而朱元璋灭张士诚时，殃及当地百姓，不仅焚毁了张氏王宫，而且将吴地大量富户迁徙到凤阳，沉重打击了当地的经济，使这里的经济和文化的恢复滞后。到明代中叶，苏州经历了一段较长时期的休养生息之后，再度出现繁荣。但鉴于对明初以来政治上党狱株连的恐惧，对文化上程朱理学的厌倦，在江南地区出现了一批不思仕进、专事享乐的"有闲阶层"。当然，所谓"闲"，并非无所事事，而是将绝大部分精力用在对衣食住行的追求，对生活中诸多事宜的深究和考证之上。因而推动了这一时期造园活动向纵深发展，还出现了许多讨论园林设计的杂论专著，如计成的《园冶》、文震亨的《长物志》等。这就使苏州乃至整个江南地区的园林发展进入了一个前所未有的鼎盛时期，涌现出了大批的造园家，如计成、张涟和周秉忠。此时期的著名园林有王鏊的故居真适园及王氏园宅、王世贞的弇山园及王氏园庭、顾大典的宅园谐赏园等。

明清鼎革，清代统治者在全国趋于安定之时改变了入关后烧杀劫掠的政策，采取措施以恢复生产、缓和社会矛盾，到康熙初期，苏州已初见繁荣，康熙中叶以后，苏州阊门内外已是"居货山积，行人水流。列肆招牌，璨若云锦。语其繁华，都门不逮"（孙嘉淦《南游记》）。有了发达的经济作为基础，造园之风也日益滋长。不仅"豪门右族，争饰池馆相娱乐。或因或创，穷汰极侈"（袁学澜《苏台揽胜词》），而且"闾阎下户，亦饰小山盆岛为玩"（黄省曾《吴风录》）。在如此普遍的造园之风的影响下，当地园林数量激增，同时也促使造园艺术日臻完美。据清同治《苏州府志》统计，直至当时，苏州的府宅园林就有 130 余处，而仅以花木峰石稍加点缀的小型庭院，更是遍布街巷，多不胜数，故有"城中半园亭"之誉。这一时期的著名园林有耦园、织造署行宫花园、依绿园、怡园、曲园、鹤园、听枫园、畅园、残粒园等。苏州现存园林，绝大多数都是明、清时代的作品，有些园林虽然历史悠久，但现存遗物也多在明、清时期重建或修葺。

（六）近现代时期

进入近代社会，帝国主义列强用枪炮打开了我国国门后，我国受到的西方文化的冲击更是异常强烈。受西方生活方式的影响，除个别宅园由于自身的承传关系和一定的社会条件而继续出现外，固有造园传统的总趋势已日渐式微。园宅建设中有西洋因素的引进，出现了"中西合璧"风格。在"民主"和"民族"思想的影响下，公园渐次出现。苏州继上海之后，各城镇也开始营建或改建公园。因此苏州近代园林主要有传统花园、新式花园和公园三种形式。传统花园较著名的有朴园、洞庭东山的春在楼、启园；"中西合璧"的新式花园有天香小筑、紫罗兰小筑等宅园；

苏州公园、吴江公园、亭林公园、虞山公园等则是当时著名的公园。

中华人民共和国成立后，1952年苏州市人民政府在文教局下设园林管理处。1953年6月成立苏州市园林修整委员会。自20世纪50年代初起，一些私人宅园捐赠给国家或被收归国有，先后抢救修复拙政园、留园、狮子林、虎丘、西园、寒山寺、沧浪亭、怡园、网师园、天平山高义园等著名园林名胜，改建苏州公园，新建动物园。60年代上半叶又陆续修复耦园（东部）、余庄等一批古典园林。1961年，拙政园、留园被国务院列入全国首批重点文物保护单位。70年代末，先后全面整修了寒山寺、耦园（一期）、北寺塔院（一期）、天平山庄古建筑群、鹤园等园林，修复天香小筑、网师园云窟、王鏊祠堂、虎丘头山门并重建小吴轩等古建筑，新建东园、虎丘万景山庄，并对动物园笼舍进行改造和重建。

1981年苏州市园林处升格为苏州市园林管理局。按"保护为主，抢救第一""修旧如旧"等原则，先后修复了北寺塔及园林、曲园（一期）、听枫园、艺圃、环秀山庄、拥翠山庄、柴园、畅园、盘门、春在楼花园（东山）、启园（东山）等。20世纪90年代，又先后修复半园（北）、艺圃住宅、网师园内西南角庭院、耦园中部住宅和西部花园、五峰园（一期）、绣园等，并重构木渎羡园。1997年12月，以拙政园、留园、网师园、环秀山庄为例证的苏州古典园林被联合国教科文组织世界遗产委员会列入《世界遗产名录》。2000年11月，沧浪亭、狮子林、艺圃、耦园、退思园作为其扩展项目列入《世界遗产名录》。

进入21世纪，苏州市园林主管部门先后修复了畅园、五峰园、艺圃住宅、留园西部"射圃"、网师园"露华馆"等，新建苏州园林档案馆，扩地新建苏州园林博物馆（二期），重点加强了拙政园、留园、沧浪亭、狮子林等园林周边环境保护工程。目前，苏州市园林主管部门依据《苏州园林保护和管理条例》的规定，对全市园林采用"一园一档"的办法登记造册，从2015年开始，先后公布了四批《苏州园林名录》（108个园林），并按照"全面保护、修复保护、遗址保护"三类模式先后修复了柴园、可园、明轩实样、慕园、墨园、遂园、唐寅故居等园林，累计开放园林88处，开放率达到81.5%。

（编写人：杜　雁）

第二节 苏州经典园林介绍

一、拙政园

(一) 背景介绍

苏州拙政园,始建于明正德年间,虽经清代的多次改造,整体上依然保持着旷远明瑟、平淡疏朗的明代风格。如今的拙政园位于苏州城东北街,东起道堂巷,西止萧王弄,南临东北街,北接平家巷,包括东部"归田园居"、中部"拙政园"、西部"补园"及住宅部分,总面积约5.2 hm²。其中,园林中部和西部、张之万住宅为晚清原物遗存,面积约2.53 hm²,最能代表拙政园艺术特点。而水域面积约占园林主要部分的3/5,也使其成为苏州现存古典园林中以水景为特色的重要佳构。

园址所在地域古称"临顿里"。据史籍记载,春秋末年,吴王阖闾东征时曾在此地顿军歇憩,后遂有临顿里之名。在很长的一段时期内,临顿里虽然不对外开放,但其清幽的环境却成为高士们的栖隐之所。到了三国时期,该地成为当时的东吴郁林太守陆绩的宅邸;东晋时,则为古琴名家戴颙所有;唐代末年,当时的著名诗人陆龟蒙曾居住于此,赞"其地低洼,有池石园圃之属,不出郛郭,旷若郊墅"。元大德年间(1297—1307),在拙政园现址上建寺,后被命名为大弘寺;元至正十六年(1356),起义军首领张士诚占领了苏州,该地成为其女婿潘元绍的驸马府。明正德四年(1509),时任御史的王献臣取大弘寺的一部分基址建造宅园,并将之命名为"拙政园",因其子好赌,一夜之间将该园输给了徐氏,园名遂改为"徐鸿胪园"。明崇祯四年(1631),侍郎王心一从陈家手中购得拙政园东部荒地十余亩[①],王善画山水,根据陶渊明诗作意象重新布置丘壑、精心经营此园,并改名为"归田园居"。据清雍正六年(1728)沈德潜作的《兰雪堂图记》,当时园中崇楼幽洞、名葩奇木、山禽怪兽,与已荡为丘墟的拙政园中部适成对照。

东部一直由王氏后代居住,直到近代慢慢荒废,大部分变为菜畦草地。西部则一传再传,清顺治五年(1648)左右,大学士海宁陈之遴购得此园后重加修葺,备极奢丽,园内宝珠山茶传为一时盛景。清顺治十六年(1659),清将祖大寿圈封自娄门至桃花坞一带民居为大营,并于次年设海宁将军,驻拙政园。康熙三年(1664),该园归苏松常道署,为王、严两镇将所有,后归还陈子,不久被卖给吴三桂女婿王永宁。在此之前,园主虽屡有变动,但大都仍守拙政园之旧观,而王氏则并入道署等处,大兴土木,易置丘壑,以致园景大为变化,与文徵明所作《王氏拙政园记》中的已大为不同。后王永宁因吴三桂举兵反清,惧而先死,家产籍没。康熙十八年(1679),园改"苏松兵备道署",参议祖泽深组织修葺,并由徐乾学作记。四年后,道署裁撤,翌年康熙皇帝南巡曾来此园,同年《长洲县志》载:"廿年来数易主,虽增葺壮丽,无复昔时山林雅致矣。"

拙政园自苏松常道署裁撤后,渐散为民居,由王、顾两富室及严总戎相继居住。至乾隆初,由明末分割为二再度变为三园分立。中部初为知府蒋棨所有,经营多年,使复旧观,乃名"复园",园中藏书万卷,春秋佳日,名流觞咏,极一时之盛,曾有《复园嘉会图》传世。惜蒋氏去世

[①]亩:非法定计量单位,1亩=666.67 m²

后，园池渐没，日久而池埋石颓。直至嘉庆十四年（1809），刑部郎中海宁查世倓购得此园。查氏修缮经年，焕然一新，仍名复园。至嘉庆末年又归吏部尚书协办大学士平湖吴璥，遂改称吴园。虽仍保持了"水木明瑟旷远，有山泽间趣"的特点，但面积仅为原有1/3，故道光廿二年（1842）梁章钜挟恽南田拙政园图游园印证时，谓园景已与160年前大为不同。

西部初为太史叶士宽书园，后皆数次易主，曾分属程、赵、汪姓。东部宅第在道光十二年（1832）左右，归部郎潘师益父子，并改建为瑞堂书屋。太平天国时期，李秀成曾合吴园、东北部潘宅及西部汪宅建忠王府，后被改为巡抚行辕、善后局，汪姓房屋归还旧主。包括园的中部花园及前面的房屋在内的区域于同治十一年（1872）正月，改为"八旗奉直会馆"，园仍名拙政。光绪十三年（1887）又曾修葺过一次，"首改园门，拓其旧制……其他倾者扶，圮者整"，并建澄观楼于池之上。当时园中古树参天，"修廊迤俪，清泉贴地，曲沼绮交，峭石当门，群峰玉立"。这一以水为主、水面阔广、景色自然的格局基本保持至今。

中华民国成立后，拙政园先后成为政府办公场所、校舍等。1949年后，曾由苏南行署苏州专署使用。1951年拙政园划归苏南区文物管理委员会。当时园内大部分建筑物已残破倾颓，如小飞虹及西部曲廊等处已坍毁，见山楼也已腐朽倾斜，园内植物亦多有毁损，不复旧观。苏南文管会筹措资金，按原样修复，并连通中西两部，工程于1952年10月竣工，11月6日对外开放。1955年重建东部，1960年9月完工，至此，拙政园中、东、西部才重归为一，整体对外开放。该园于1961年3月4日被列入首批全国重点文物保护单位。1997年12月4日与苏州留园、网师园和环秀山庄一起作为我国传统江南私家园林的代表，被联合国教科文组织列入了《世界遗产名录》。

（二）实习目的

①理解古典园林的立意、相地、布局之间的紧密联系及相互影响关系。

②掌握古典园林空间布局的主要手法，尤其是对山水空间的合理组织，以及建筑、植物、山石与水体等多种空间构成要素的综合运用。

③理解并学习传统园林造景的重要手法，包括借景、框景、对景、夹景、漏景等。

④体会中国古典园林的意境，并学习掌握利用植物的审美特性营造意境的方法。

⑤对园林建（构）筑物，尤其是各种滨水点景建筑进行深入学习，掌握基本的布局与营造方法，体会建筑的布局、形式与园林总体立意、意境营造、视线组织之间的紧密联系。

（三）实习内容

1. 明旨

筑园首先要明旨立意，"拙政"之名由明正德年间园主王献臣解官归乡之后取潘岳《闲居赋》中"灌园鬻蔬，以供朝夕之膳……此亦拙者之为政也"而自命，"聊以宣其不达之志焉"（文徵明）。明代三十一景中多达十九处以花木成景（如柳隩、芙蓉隈、湘筠坞、芭蕉槛等），也正呼应园林朴雅恬淡的田园意境。园中水面弥漫，主人遍栽荷花，隐喻文人高洁心性，为后人寄情、托志，不断加深自洁、清高的意向提供了基础，在后世演变中"拙政"之旨逐渐拓展至"高雅、脱尘"之境。

2. 相地

拙政园是典型的人文山水园，其在选址和布局上也遵循着《园冶》"相地合宜""地偏为胜"

"远来往之通衢"的建园宗旨。文徵明所撰《王氏拙政园记》中记载其园址："居多隙地，有积水亘其中，稍加浚治，环以林木；地可池则池之，取土于池，积而成高，可山则山之；池之上，山之间可屋则屋之。"而拙政园所在的地域在更大的城市范围上属于北园的一部分，北园是苏州古城北端存在的大面积的农地以及空地，原园址北部为外护城河，东部为外护城河支流，南面与西面均有道路，虽本属"城市地"，但因其所处之地远离真正的闹市，而周边水系纵横，土地肥沃，且多良田，园址内很多地方本就地势低洼，存有积水，初建之时的拙政园颇具"山野之气"，这一选址也暗合了园主王献臣"拙者之为政"的归隐之心。此外，当时的苏州城外丘陵起伏，拙政园西距著名的北寺塔约 1 km，园外地势也较为平阔，为园林借景创造了良好的条件。

3. 立意

（1）构园立意　造园如写作文章，非起于胸中之意而不能成佳构。而"世之兴造，专主鸠匠，独不闻三分匠，七分主人之谚乎？"作为拙政园之创设者，园主王献臣为该园奠定了最为重要的立意之本，虽经 500 余年数度分合、易主，但其内在气韵却一脉相承。园名亦为"文眼"。园主虽生于明代中期江南吴县宦门之家，并中得进士，官至御史大臣，但在当时太监掌权、官场黑暗的大环境中依然无法实现其政治抱负，最终告老还乡，构园归隐，取晋代潘岳《闲居赋》"筑室种树，逍遥自得。池沼足以渔钓，春税足以代耕。灌园鬻蔬，以供朝夕之膳……此亦拙者之为政也"之句，为其园命名。这处"城市山林"是王献臣为逃离流俗官场、寻找心中"桃源"所筑的心灵居所。但在明代，文人的归隐已不同于西周时伯夷、叔齐和魏晋时期竹林七贤、陶渊明所追求的遁迹于山林、逍遥于江湖，而是追求一种"若以城市中而求隐居"的"大隐"。作为园林营造主体的文人士大夫，更多地将园林当作一种追求精神独立、观瞻内心世界、完善自身人格、修养高洁性灵的理想场所，而并非追求完全的与世隔绝与纯粹的自然山水之物性世界。这样的内在追求，决定了当时的造园艺术更加趋向于"诗画兼容"的意境营造，写意手法运用也更加自如。在"天人合一"的传统园林境界基础上，体现出园主人的审美品位和思想情操，也为拙政园奠定了宁静、素雅、淡泊、幽深的氛围基调与疏朗自然、朴素而不乏变化的空间意象。

此外，作为明代著名的书画家，文徵明受多年挚友王献臣之邀，也曾参与这座园林的设计与营造，并于明嘉靖十二年（1533）作《拙政园三十一景图册》（简称图册）及《王氏拙政园记》，对全园主要景物进行了意象化的描摹与以游线为线索的记述。展现出园林初建成时的恬淡、幽远的精神气韵与意境内涵，图册虽仍是采用了传统山水画的写意手法，更进一步地将物质化的园林推向了与画意、诗情相互融合的超然之境。

（2）问名晓意　中国古典园林囊括了诗画、楹联碑刻、建筑、雕塑等多种艺术形式，"情景交融、虚实相生、韵味久长和意与境谐"描绘了园林意境中所包含的艺术审美特征。拙政园的立意、理景与造境无不体现在其众多的景名与楹联匾额之中，这也成为传统园林造景的重要手法之一。拙政园中较有代表性的景名有：

远香堂——堂名取自北宋理学家周敦颐《爱莲说》中"香远益清"之句，为拙政园中部主体建筑，现有建筑为清乾隆年间在原明代正德时期若墅堂旧址上重建。晚清著名书画家，张之洞堂兄张之万题远香堂对联曰："曲水崇山，雅集逾狮林虎阜；莳花种竹，风流继文画吴诗。"另有"看花寻径远，听鸟入林深""一卷书如好友晤，四时花当美人看"等佚名楹联。可知此堂向为文人雅聚之所。

绣绮亭——处中部假山高处，百年枫杨树下，匾额出自杜甫《桥陵诗三十韵，因呈县内诸官》中的诗句"绮绣相展转，琳琅愈青荧"，其亭及周围美景像彩色的丝织品一般华丽，像美玉一样闪烁着光芒。亭柱劝世楹联"生平直且勤，处世和而厚"。亭内部有"晓丹晚翠"匾额，两侧有"露香红玉树，风绽紫蟠桃"的应景对联。绣绮亭周围遍植牡丹，春季姹紫嫣红、开遍山岗，应绣绮亭之名。

梧竹幽居——匾额由文徵明手书，在面池的西向墙上，又挂有署清末著名书画家赵之谦题识的楹联"爽借清风明借月，动观流水静观山"，不仅道出了粼粼清波、磊磊假山的动静对比，还引入了大自然的清风明月，构成了虚实相济的迷人意境。

雪香云蔚亭——亭内挂有明代画家倪元璐书"山花野鸟之间"的题额，两旁石柱上有"蝉噪林愈静，鸟鸣山更幽"的对联，为文徵明集南北朝王籍诗句并书写。

待霜亭——源自韦应物的"书后欲题三百颗，洞庭须待满林霜"诗句。

嘉实亭——语出大书法家黄庭坚的"江梅有嘉实"诗句。

得真亭——出自《荀子》的"桃李茜粲于一时，时至而后杀，至于松柏，经隆冬而不凋，蒙霜雪而不变，可谓得其真矣"之句。亭内对联"松柏有本性，金石见盟心"为清末思想家康有为所题。

历代文士的情思与风流，于是得以通过这些书法楹联而与水石佳木共生，意境其实就产生于这诸多艺术形式的交融互感之中。

4. 布局

平坦旷阔的地形与原有的积水洼地，还有园主的志趣共同决定了拙政园的总体氛围与布局特色。值得注意的是，拙政园的景点与布局虽然在500余年中几经分和、修补与变迁，但唯一不变的是，整个园林以水面为核心，主要景点沿水分布，游线沿水展开的布局模式，由此形成的"以水为魂"的园林特色延续至今。这种布局形式增强了园林的向心性和内聚性，也将游人的视线引向园中心，进而达到隐藏边界、扩大空间感的效果。在水景的营造中，基本保持了明代"池广林茂"的风格，水面聚散开阔，聚处以辽阔见长，散处以曲折取胜，驳岸曲折有致，又以各种建筑、曲桥、石矶、树木等加以丰富，又精心于借四时之变化、日月之交替，营造时时变化流动的气韵，使得空间层次丰富，虚实变化相生，将有限的园林空间延展至无尽的意境想象。

中部园区

（1）中部园区　整个园林在总体布局上开阔有致，疏密变化丰富。在布局上先立山水间架，以水为主，山为辅，山因水活，水得山秀。最能体现出"构园得体"布局要旨的是现存的中部园区，现有面积约 1.23 hm²（18.5 亩）。园中积水，疏浚成池，筑土山分水面为南北，南阔北狭，北寂南喧。山长而剖其腹为涧，得主客之分。水绵延而分三脉，有南、北和东南至西北三条纵深线。茂树竹林，环抱曲池。全园建筑总量虽然较大，但大都以水为心。东山西水贯院，并以建筑组合成庭院，因山就水而变。再以"园中有园"化整为零，又以廊桥集零为整，形成总体上封闭的内向空间，提供可供环游的多重路径。而通过精心的布局组织，中部景区也形成起承转合四个"乐章"。

第一景区由原来位于东南的腰门到远香堂平台，为全园起景，进门一座黄石假山，山势峻拔，中有道路可穿，用"抑景"手法，达到中国园林"善露者未始不藏"、欲扬先抑的效果。在这一景区，又形成这一景的"起景"；走出山洞，见到远香堂南面假山园林空间，则是"中景"，空间上似以山势余脉相通，但已有回环余地，远香堂北侧厚实的广玉兰、柏木等形成深绿色基调的植物围合，空间在此转折过渡；沿远香堂西侧行至其北面平台，是这一景区的高潮和主景。远香堂为全园最大的一处厅堂，取周敦颐《爱莲说》中"香远益清，亭亭净植"之意，点明作者"出淤泥而不染"的高洁志趣，其建筑为单檐歇山，明式厅堂，庭柱为"抹角梁"，被巧妙分设在四周廊下，而厅内没有一根柱子，又四面皆置玻璃长窗，因而能将四周景色尽收眼底；堂西倚玉轩为东西向三间建筑，飞檐翘角，文徵明画册中此地曾有美竹一丛；堂东山坡上建绣绮亭，站在堂北平台上可隔水眺望池中东、西两岛山，及西侧立于水中央的荷风四面亭，其中西岛为中部园区堆山制高点（4.5 m），山顶有雪香云蔚亭，矩形平面端庄秀雅，四周植梅多本，取梅之凌寒傲霜、暗香浮动与远香堂形成对景，平台视野开阔，不仅在视线上形成全园最重要的轴线关系，也在意境上形成全园的高潮和主景，是这一景的结束，也是其高潮和主景。

由此转北，过枇杷园月洞门至海棠春坞为第二景区，这一景区由枇杷园、听雨轩和海棠春坞三个串联的院落组成，又以枇杷园的"起景"作为主景。该区以云墙假山障隔为相对独立的区

海棠春坞

域，以庭院建筑为主，有玲珑馆、嘉实亭、听雨轩和海棠春坞等，通过回廊相连，分隔出三个小院，为隔景手法运用之佳例。自云墙上月洞门南望，以嘉实亭为主题构成一景，回望则又以雪香云蔚亭构成一幅绝妙的框景。入园后，每个庭院大小不同，景物各异，枇杷园以"摘尽枇杷一把金"诗意为名，花街铺地，四周沿墙的黄石假山上植有枇杷数株，于冬春萧条中仍绿意盎然，夏初则又硕果累累，惹人喜爱。听雨轩庭院有镜池一湾，池畔芭蕉数本，不仅形成听雨轩对景，也同时为玲珑馆东面长窗所框，形成一幅动可听声、静可观色的有声画。海棠春坞位于听雨轩庭院北侧，虽在三院中最小，但景致精巧，庭院空间尺度合宜，开阖变化丰富。

梧竹幽居

出海棠春坞向北行至梧竹幽居是第三景区的"起景"。梧竹幽居为一四面皆为月洞门的方亭，与扬州瘦西湖之"吹台"相仿，亭北植梧桐、幽竹，营造出唐代羊士谔"萧条梧竹月，秋物映园庐"之意境。四周白墙圆洞不仅形成四幅如团扇山水般的框景，将湖光山色尽收画中，而且在不同角度可看到重叠交错的分圈、套圈、连圈的奇景。由亭西眺，可见全园景深最长的风景（约110 m），且两岸夹景层层叠叠，十分丰富，近有曲桥相隔，远处巍巍北寺塔更似立于园中，形成借景，渲染出一幅引人遐思、悠远无尽的画面，为园林远借手法之经典。跨过亭北曲尺形平

借景北寺塔

桥，登上东岛之巅的待霜亭，折而向下，过涧水而至西岛，登上雪香云蔚亭，此为第三景区主景。两座岛山以黄石包土而成，秀树成林，登道蜿蜒山间，两座姿态各异的小亭立于山顶，既是停留观景的最佳视点，也是山水长卷中的重要点睛之笔。该区俯视对岸绣绮亭、远香堂、倚玉轩和香洲一带的景色，构成一幅楼台参差、花树繁荫的庭园长卷。过荷风四面亭，眺望三面不同风景，再沿水中折桥移步回廊，折而向北至见山楼，为第三景区的"结景"，登临见山楼可俯视由对面香洲、倚玉轩、得真亭、松风亭组成的深远夹景。

小飞虹

下见山楼，可沿名为柳荫路曲的回廊南行过别有洞天，回望梧竹幽居及中部主要水景透景线，再经玉兰堂前平台，稍作停留后登上香洲，该段则为第四景区的"起景"。该段大部分景点沿水际回廊分布，各种对景的运用最为突出，而水岸的砌筑，尤其是几处伸入水中的石矶的处理，极其精彩，形成山石、水体与树木的完美融合，丰富了岸线变化。香洲以画舫建筑泊于水岸，有文徵明所题"香洲"匾额悬挂船头，取《楚辞·九歌·湘君》中"采芳洲兮杜若，将以遗兮下女"之意，以芝兰（香草）代表园主"维德之馨"的高洁志趣，由此沿回廊向南至小沧浪水院，为第三景区的高潮，在此向南延伸的水尾渐次穿过凌波飞架的廊桥小飞虹和跨水而立的水阁小沧浪，最后收束，形成空间层次丰富、夹景多样、透视景深极远的美丽"画境"。小沧浪一组水庭建筑围绕屈原"沧浪之水清兮，可以濯吾缨；沧浪之水浊兮，可以濯吾足"之意组景，表达"众人皆醉我独醒"的高尚品格与意境。这组水院与园东枇杷园一组旱院以远香堂为中心，形成一水、一旱，一纵深、一回环的对比，甚至在植物的选择上，前者以松、竹等常绿、苍健、硬挺的植物为主，后者则以繁花、硕果、蕉叶等细腻柔软的植物材料为主。在这两组小院的衬托下，中心水面空间显得更加舒朗、开阔。布局上的对比与意境上的融通，使两者遥相呼应，形成精彩的映照，这也是中国传统园林"小中见大"的典型造景手法。由此继续前行，到达这一景区的结束景点——倚玉轩，再次回到远香堂前的平台，达到全园的结景和高潮。于是在这里体现出"山花野鸟之间"的生境，"山回抱、水萦回""四面有山皆入画"的画境，一池荷花"出淤泥而不染，濯清涟而不妖"的代表理想品格的意境。

（2）西部园区　西部园区通过别有洞天以一月洞门框景联系两侧水系，然而毕竟面积有限（约0.83 hm²），布局较为紧凑，水体以南北向走势为主，中部集聚成池，以一岛稍作划分，形成主体厅堂三十六鸳鸯馆前东西向的开阔水域，水系北延而呈河道状，收于倒影楼下，向南则收束成溪，并以黄石驳岸加强其涧水效果，逐渐收尾。该园当时为主人宴客听曲的场所，建筑体量普遍偏大，尤以岛山之上的浮翠阁高大敦实。虽有与谁同坐轩与东岸水廊形成对景佳构，但仍无法掩盖其山水空间与建筑体量的比例失调之感。

西园的主要景区为围绕中部东西向水面的建筑围合空间。由别有洞天半亭入园后，向西可达

园内主要厅堂三十六鸳鸯馆，该建筑为典型的"鸳鸯厅"，平面呈正方形，四角带有耳室，北面半部临水，称"三十六鸳鸯馆"，南面馆前庭院中植有山茶花（曼陀罗），称"十八曼陀罗花馆"，其装饰华丽、细节繁复，体现出晚清建筑风格。但由于体量过大，使得北侧水池显得局促。而从别有洞天沿廊北行则是另一番景象，狭长的水面西岸是绵延的山石林木，东岸则是沿墙构筑的曲折起伏、栈道一般凌空于水面的游廊，这段水廊既完美地化解了中西园区分隔界墙的生硬、僵直之感，又为欣赏远近景提供了一处绝佳的空间，其自然灵动的造型，形成一种韵律美。水廊北端连接上下两层的倒影楼，园主为表达对文徵明与沈周的景仰之情而建，并名之"拜文揖沈之斋"，兼作月夜赏景之用。池中小岛之上与谁同坐轩为一扇面亭，是园主为纪念其先祖制扇为业而建，又借苏轼之词，增清新、孤高之志，在构景时特别经营方位，使扇面的两个实墙上的两个扇形空窗一个对着三十六鸳鸯馆，一个对着倒影楼，而后墙窗中正好将山顶笠亭收入画框，并与西北山顶上的浮翠阁遥相呼应，形成对景，可谓环亭有景，成为西部园区最佳观景处。

与谁同坐轩

此外，水廊南面沿黄石假山拾级而上，可至云墙边的宜两亭，该亭得山高之利，又处两园之交界，六面为窗，恰可俯瞰中部山光水色以及西部楼台廊树，可称园林"邻借"之典范。而从三十六鸳鸯馆向西过曲桥可达两面临池的留听阁，由此向北可登山顶八角双层的浮翠阁，回头则可望水面南端的塔影亭，加之绿树掩映，稍稍掩盖了此处水面狭长、水形僵直的缺陷。

（3）东部园区　东部园区原为明崇祯年间侍郎王心一的"归田园居"，但堙没已久，今日之观全为新筑，占地约 2.07 hm²（31 亩），布局以平冈远山、松林草坪、竹坞曲水为主，主要建筑兰雪堂、芙蓉榭、天泉亭、缀云峰等，均为移建，其中天泉亭中保存有一口古井，相传为元代大弘寺遗物。园林虽仍然保持着舒朗明快的风格，但已与中、西两园迥然不同。

5. 理微

（1）建筑　拙政园初创之时，建筑密度远低于今日，且根据文徵明园记描写，园林中的建筑十分稀疏，仅"堂一、楼一、为亭六"而已，其建筑式样较为简洁，色彩淡雅，材料朴素而少雕饰。而今园内建筑明显增加，中部建筑密度达 16.3％。除东部归田园居部分外，大多建筑是在清咸丰十年（1860）太平天国忠王府花园时期所建，建筑的整体布局错落有致、层次分明，建筑类型丰富多彩，有厅堂、馆、轩、楼、阁、榭、舫、亭、廊等 11 种，共 41 座，集中体现了清代中晚期的江南园林建筑式样与风格。其中西部补园的建筑已经引入了近代西洋材料，如三十六鸳鸯馆的彩色玻璃花窗和铸铁花纹桥栏等，明显区别于中部园区，这也体现出园林的历史变迁痕迹。全园最有特色的几种建筑包括中心区的四座位置不同、高低错落、造型各异的亭，它们或立于山巅（宜两亭，六角双层）、或构于水际（绿漪亭，四角攒尖）、或建于平地（天泉亭，八角重檐）、或筑于路旁（得真亭，方形平面，卷棚歇山顶）；表现春（绣绮亭，卷棚歇山）、夏（荷风四面亭，六角攒尖）、秋（待霜亭，六角攒尖）、冬（雪香云蔚亭，卷棚歇山）四时之景的建筑，成为园中主要的点景建筑。不系舟——香洲，为典型的"舫"式结构，舱楼分为两层，后舱上层为澄观楼，一层舫厅中置大玻璃镜一面，反映对岸倚玉轩一带的景色，以镜借景，进一步扩大了景深。其建筑精致，无论作为观景之所，还是被赏之物都极为赏心悦目。

中部南端水尾处的小沧浪水院，一座半桥半廊的廊桥小飞虹跨于水上，为三跨石梁结构，略有起伏，桥面两侧设有"万"字护栏，三间八柱，覆盖廊屋，檐枋下饰有倒挂的楣子，一转一折之间与三开间硬山屋顶、亦桥亦屋的小沧浪隔水相望，形成一曲一直、一活泼一规整的对比。水院东南转角处缀以三面皆为栏窗的松风亭，其亭为攒尖顶，与斜对面卷棚歇山顶的得真亭形成平面上一凸一凹、进退得宜，立面上虚实相应、变化丰富的空间效果。水尾经小沧浪往南渐收于山石驳岸中，运用"疏水若为无尽"的藏源，从此处向北视线一路经小飞虹，框景中部园区众多景物，从近及远依次为香洲船首、荷风四面亭以及远处的见山楼，形成丰富的层次，加之虹桥临波，形

平

倒影楼

梧桐
桂 木瓜
梅
桂
青枫
梅
桂
桂

浮翠阁
青枫
黄杨
梧桐
桂
青枫
女贞
梧桐
柏
樱桃
黄杨 黄杨
枸骨 笠亭
大叶黄杨 桂
与谁同坐轩
黑松
枫杨
柳荫路曲
留听阁

别有洞天
丁香
枸骨
枫杨
宜两亭
枫杨

青枫
女贞
紫薇
三十六鸳鸯馆
十八曼陀罗花馆
胡桃
黄杨
玉兰

黑松
白皮松
山茶花十二株
黑松
石楠
石楠
黑松
枇杷
玉兰
女贞
天竺

梧桐
塔影亭
梧桐
萧王弄
梧桐 梧桐

北

0 5 10 20 30 m

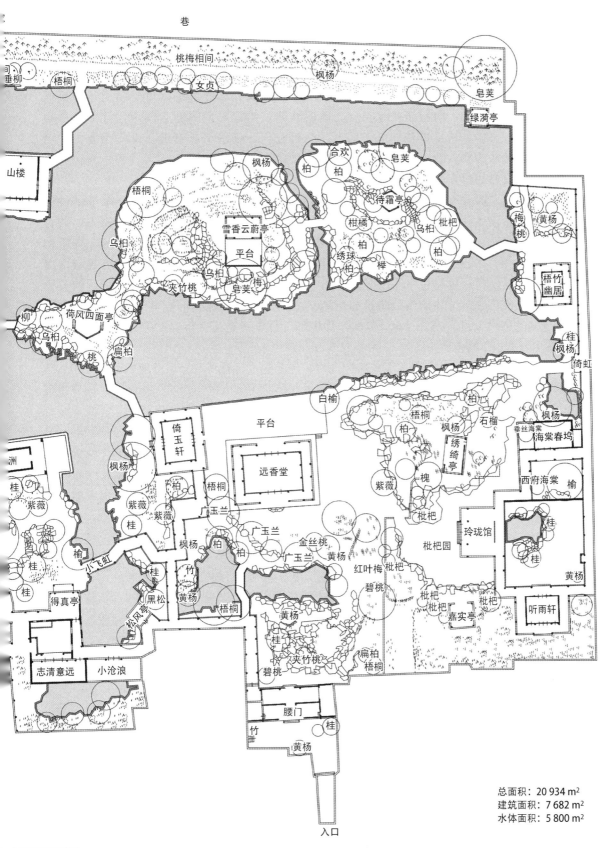

巷

桃梅相间

山楼
垂柳
梧桐
女贞
枫杨
皂荚
绿漪亭
枫杨
合欢
皂荚
柏
柏
梧桐
待霜亭
皂荚
梅
黄杨
桃
乌柏
雪香云蔚亭
柑橘
平台
枇杷
柏
梅
乌柏
柏
梧竹
幽居
乌柏
夹竹桃
荷风四面亭
绣球
榉
柳
乌柏
柏
乌柏
桃
扁柏
桂
枫杨
倚虹
白榆
柏
石榴
枫杨
倚玉轩
平台
梧桐
枫杨
绣绮亭
垂丝海棠
枫杨
海棠春坞
远香堂
紫薇
西府海棠
榆
洲
桂
枫杨
槐
玲珑馆
桂
紫薇
柏
梧桐
枇杷
桂
紫薇
玉兰
枇杷园
桂
榆
紫薇
桂
广玉兰
金丝桃
红叶梅
枇杷
黄杨
桂
枫杨
柏
柏
广玉兰
黄杨
碧桃
枇杷
桂
小飞虹
竹
黄杨
枇杷
桂
黑松
松风亭
梧桐
黄杨
枇杷
嘉实亭
听雨轩
得真亭
扁柏
梧桐
志清意远
小沧浪
夹竹桃
碧桃
碧桃

腰门

竹
黄杨
桂

入口

总面积：20 934 m²
建筑面积：7 682 m²
水体面积：5 800 m²

中西部平面图

成的水中倒影，更是虚实相生，扩大了景域。这处水院充分利用建筑要素来划分、组织空间，从单体到群组都体现出江南古典园林建筑的主要特色，小中见大、旷奥交替以至往复无穷，形成传统园林水院组织中一个极具特色的范例。

此外西部补园紧靠东墙高低起伏、临于水上的单廊也堪称中国古典园林游廊之杰作。L形的平面沿东墙分为两段，南段从别有洞天入口到三十六鸳鸯馆，北侧临水可近赏对景与谁同坐轩，南侧紧靠黄石假山，西行而视线收窄，由明转暗，沿延廊最终到达园内主厅，又再次开朗；北段止于倒影楼，该建筑悬空架于水上，曲折起伏，仅以湖石砌筑石墩作为支撑，更显轻盈，廊西以矮墙为栏，游人可凭可坐，一湾碧波将曲廊与对岸景色收入其中，与天光云影变化相融，游人亦如行在画中。

（2）植物配置　拙政园素来以"林木绝胜"而著称，由于园林面积较大，且基址条件适宜，在植物方面不仅品种丰富，而且数量较多。从王献臣初创此园，就开始广植树木，数百年来，园池几经变迁，而对植物的精心选择与植景的着力营造却始终如一。早在文徵明的《王氏拙政园记》中，就记载了包括芙蓉隈、柳隩、蔷薇径、芭蕉槛、竹涧、湘筠坞等众多以植物为主题的景点，其总数超过三十一景的一半，斯景虽已不存，但其中许多植物，如芙蓉（荷花）、垂柳、芭蕉、翠竹等依然为园景的主题。今天的拙政园绿化面积共 1.92 hm² （28.8亩），占陆地面积 1/2 以上，树木 2 600 多株，其中不乏百年甚至几百年以上的古树名木。拙政园植物造景主要有以下特点：

①托物言志，借景抒情。中国人历来热爱自然、热爱花木，并将情思与旨趣赋予具有相似特征的花木，以表达情感、抒发志向。这种"比德"思想贯穿于文人的生活与创作之中，同样也反映在造园活动之中。园中直接以花木为主题或借花木抒发志趣和情感的景点有多处。

中部景区以开阔水面植荷成片，每到夏日，菡萏初绽，幽香随风飘散，正是应了周敦颐《爱莲说》中对荷花的盛赞。它所象征的淡泊名利、不为世间污秽所浊的高贵品格正是园主身为君子的追求。而沿水面周围布置的多处赏荷建筑，如远香堂、芙蓉榭、留听阁、藕香榭、荷风四面亭、香洲以及贴水的折桥等，都为人们从多种角度欣赏和感受荷花的美提供了场所。且该景区不仅有色彩，更突出看不见的香味，以五感交织扩大园景的意境。

此外，还有以赏凌寒傲雪的梅花为主的雪香云蔚亭；观碧梧翠竹、待凤凰来栖的梧竹幽居；听雨打芭蕉、舒一片清愁的听雨轩等，都是以植物言志抒情的经典，精心选择的植物配以合适的建筑体量与形制，再加上名家题刻的楹联匾额，更是让人深深体会到景外之境的妙处。

②朴雅清旷，宛自天开。中国传统园林讲究师法自然，"虽由人作，宛自天开"，不仅体现在山水与建筑的营造上，更体现在园林植物的选择与造景上。清初画家恽南田作拙政园图，题跋上言"秋雨长林，致有爽气。独坐南轩，望隔岸横岗，叠石峻山，下临清池，石间路盘纡，上多高槐、柽、柳、桧、柏虬枝挺然，迥出林表。绕堤皆芙蓉，红翠相间，俯视澄明，游鳞可数，使人悠然有濠濮间趣"，呈现出一幅自然清旷的优美画卷。

拙政园植物多选择乡土树种，以所在地苏州近郊的自然植物群落为蓝本，使用枫杨、乌桕、皂荚、柏、梅、竹、广玉兰、石楠、桂、橘等地带性的树种，成功地营造出城市山林的朴雅景致。拙政园中植物的种植也很好地满足了生态习性与立地条件的要求，水际植物包括红枫、垂柳、垂丝海棠、杏、桃、樱桃等，此外在植物群落的竖向层次上，也根据地形、视线和植物的生命特质、美学特质进行合理搭配。中心水景区上层以树形舒展的落叶大乔木（榉、楝、皂荚、枫杨、乌桕、柳）为主，中层为常绿乔木及灌木（女贞、夹竹桃、蚊母、扁柏、竹等），临水则植开花乔灌木（桃、梅、石榴、绣球、合欢），在全园中植物景观最为丰富。其他景区植物从种类到搭配方式依次简化，也起到突出主景的作用。并通过植物的姿态、色彩等，结合建筑、水体，形成各景区之间的过渡衔接，起到烘托主景、联系画面的作用。

③四时烂漫，变化无穷。园林不仅是空间的艺术，也是时间的艺术。而体现时间维度的最佳载体非富有生命力的植物莫属，正所谓"雕梁易构，古木难成"。拙政园通过精心的植物造景，形成四时景观的丰富变化。春日海棠春坞中海棠神娟韵秀，玉兰堂前繁花满树；夏日荷花盛开，驻足荷风四面亭可赏"四壁荷花三面柳，半潭秋水一房山"；秋季园中的乌桕、枫树树叶转红，待霜亭旁橘子成熟；冬季青松翠竹，蜡梅、梅花次第绽放，引来暗香浮动。

拙政园的植物选择与配置，对园林美的生成与意境的表达都起到了至关重要的作用，它不仅强调对植物内在精神的挖掘与表达，同时也重视花木的天然之趣，并与山石、建筑完美结合，创造出自然美与理想美的园林环境。

（3）园林细部　拙政园不仅整体布局精妙，园林细部处理也处处显示出园主的用心以及古代能工巧匠的技艺。整个园林色彩素雅，体现出江南民居白墙黛瓦的特色，且以粉墙为画，创造出不少精妙绝伦的园林小景，而四时天光与植物花开叶落的变化，亦增添不少生趣。门洞造型各异且与院落主题相符，花窗、栏杆变化多端，造型精美。中部枇杷园嘉实亭为入园对景，透过漏窗展示出生动的竹石小品，与亭联"春秋多佳日，山水有清音"相映成趣，引人遐想。小院海棠春坞虽只有方寸之地，海棠也只点缀堂前两株，但精巧的海棠纹花街铺地和传统园林中的镶隅手法——院落西北角凸入园中的数块湖石，形成"一峰则太华千寻"的效果，给人以院外山无穷的"坞"之想象，极好地烘托出小院主题。

西部园林中与谁同坐轩取意宋代苏轼《点绛唇·闲倚胡床》词"闲倚胡床，庾公楼外峰千朵。与谁同坐？明月清风我"，喻孤高自赏之人格。因清风而取扇形，其屋面、轩门、窗洞、石桌、石凳及轩顶、灯罩、墙上匾额、鹅颈椅、半栏均呈扇面状，一再重复，强调主景，甚至通过精心布置其后圆顶攒尖的笠亭，使游人从池水对岸的游廊看来，出现两亭相叠形成一把完整折扇的巧妙效果。所有细节的处理，无不出于对园林主题与意境的烘托，使人从细微处也能见真情，最终达到山、水、树、石、建筑、楹联的有机融合，形成不可分割的园林整体。

（四）实习作业

①选择三处景点，以图文并茂的方式，说明其所创造的主要意境，以及与园林整体立意之间的关系。

②选择中部水景区一处具有代表性的视点，进行详细的视线分析，并尝试总结其所运用的造景手法。分析图可综合运用平、立、剖面图及其他相关的示意图、透视图等，并选择合适的比例尺，准确表达。

③以小组为单位，选择一处院落空间进行实测，并分析其立意与主要造景手法，以及与周边各景点之间的组织关系，选择合适的比例尺绘制院落平、立、剖面图。

（五）思考题

①分析拙政园中部景区的空间组织和视景组织。
②分析拙政园植物造景中的地域特色。
③思考如何将拙政园的造景艺术手法融会贯通地运用于今天的园林设计之中。

（编写人：夏　欣）

中部园区全景

与谁同坐轩

中部园区借景北寺塔

小飞虹

二、留园

（一）背景介绍

留园在苏州阊门外下塘一带，原占地面积 3.33 hm²，现占地面积 2.0 hm²。明万历年间（1573—1620）太仆寺少卿徐泰时建东、西二园，其子徐溶将西园舍宅为寺（今戒幢律寺）。东园置奇石，其中瑞云峰（太湖石峰）相传为北宋花石纲遗物。清初园渐荒芜，屡易其主，后刘恕（号蓉峰）于东园故址扩建为寒碧山庄，俗称刘园。今留园中部基本为清嘉庆初年格局。园中聚太湖石十二峰，蔚为奇观。清同治十二年（1873），园为常州人盛康购得，缮修加筑，于光绪二年（1876）完工，其时园内据俞樾《留园记》中所记载："嘉树荣而佳卉苗，奇石显而清流通，凉台燠馆，风亭月榭，高高下下，迤逦相属"，比昔盛时更增雄丽，因前园主姓刘而俗称刘园，盛康取其音而易其字，改名留园。盛康殁后，园归其子盛宣怀，在他的经营下，留园声名愈振，成为吴中著名园林，俞樾称其为"吴下名园之冠"。现东、北、西三部分，为光绪年间增加。光绪十四至十七年（1888—1891），增辟留园义庄，即祠堂，扩建西部及东部冠云峰庭院，至现今规模。1961 年，留园被列入首批全国重点文物保护单位，1997 年与拙政园、网师园、环秀山庄共同列入《世界遗产名录》。

（二）实习目的

①了解留园的历史沿革和空间变迁。
②理解并掌握庭院空间的设计技巧和方法。
③理解并掌握传统园林的造景手法。
④了解湖石造景和配置的基本类型和方法。
⑤了解园林建筑的基本类型和群体设计方法。

（三）实习内容

1. 明旨

留园的起源要追溯到明万历年间徐泰时的东园，徐泰时（1540—1598）是苏州府长洲县武邱乡人，明万历八年（1580）进士，历任工部营缮主事、营缮郎中和太仆寺少卿等职，后因得罪上司和同僚受到御史弹劾，被朝廷罢职不用，不复入仕，时年徐泰时已经 53 岁。徐泰时于知天命之年仕途受挫，"归而一切不问户外，益治园圃"，因而在其曾祖父徐朴的别业旧址上花费三年时间建造了东园。园成后面积约 2.67 hm²（40 亩），以富有立体感的假山堆叠为特色，其主体建筑乃是后乐堂，取意于范仲淹《岳阳楼记》中"先天下之忧而忧，后天下之乐而乐"之句，江盈科《后乐堂记》言之"兹堂之乐，安知非有所托，以寄其忧世之志者耶"，点出兹堂之乐以寄主人忧世之志，乐不在堂，而是志在四方，酒赋之娱、歌舞之乐仅仅在于遣怀。因此东园是徐泰时罢官归隐、寄情山水之处。此后留园又几经兴废，但历届园主都基本延续了寄情山水的造园意旨。

2. 相地

花步小筑

《园冶·相地》提道："旧园妙于翻造，自然古木繁花。"纵观留园的历史可知，历代园主择园而建时都是在旧园基础之上翻造而成新园的，对旧园既有所保留和承袭，又有改造和新建。徐泰时的东园在其曾祖父徐朴的别业旧址上建成。徐朴善于经营贸易，置下不少家产，徐朴次子徐耀也善于经营，家中日益富有，徐耀之子徐履祥即徐泰时的父亲，在嘉靖辛丑年（1541）中进士，入仕为官尚宝卿。根据清代顾震涛《吴门表隐》卷一所记载："闾门下塘江西会馆、陶家池、花埠、十房庄、六房庄、桃花敦皆明尚宝徐履祥宅，徐富甲三吴，长船浜即其泊账船处。"留园有清代钱大昕所题"花步小筑"砖额，"步"古通"埠"，花步是指当时装卸花木的埠头，即码头。虎丘自明代以来就以出产茉莉花、玳玳花等名贵花木而闻名，而紧邻东园的山塘河上因此有一个装卸花木的码头，"花步里"的名字就这样流传开来，此为后来"花步小筑"的选址渊源。此后刘恕卜宅于花步里第、盛氏留园中的花步小筑都说明留园所处地段自东园时期至寒碧山庄、盛氏留园时期都在花步里。留园池中水源则来自花步里输运花木盆景的水道，即《吴门表隐》里记载的长船浜，也是徐泰时停泊账船之处。水道引入园中，挖池堆山，成为二亩盈池。之后刘氏寒碧山庄、盛氏留园时期长船浜一直存在，民国时期尚有此浜，游人可乘船至长船浜上岸之后而游留园，直至后来，长船浜被填埋，留园水源亦被切断。

3. 立意

（1）构园立意　留园虽经历了徐氏东园、刘氏寒碧山庄、盛氏留园和1953年的全面修复几个较大的变更时期，但园中部的"长留天地间"砖额点明了其造园的立意和宗旨。

万历二十一年（1593）徐泰时罢官归乡营建东园以寄情山水、治园遣怀。徐泰时去世后，东园几经易主，逐渐荒废。清乾隆五十九年（1794）退休官僚刘恕（1759—1816，号蓉峰）购买东园，重新改建和扩建后命名为寒碧山庄，俗称刘园。之后此园虽在战乱中受到一定损毁，但格局基本存留下来。同治十二年（1873），曾任湖北布政使的盛康（1814—1902）购得此园，花了几年时间改造和扩大，尤其是增补了园林东面的部分，形成我们今天所看到的大致面貌，"历宦海四朝身，且住为佳，休辜负清风明月；借他乡一廛地，因寄所托，任安排奇石名花"，盛康这副对联也说明了保留和延续寄情山水的立意。并且上代园主刘恕姓刘为"留"的谐音，而太平天国战乱后苏州闾门外一片废墟，唯"此园独留"，"留"园名副其实。另外，在留园的历史演变过程中，各个时期的园主也保留和延续了对奇石的喜好和展示。徐泰时建东园时耗巨资搜购了一座太湖石峰——瑞云峰，高三丈多，据说是宋代"花石纲"的遗物。他还聘请了当时著名的画家周时臣（字秉忠）来堆叠山石。到清代刘恕对东园进行改、扩建时，他购买了十二座名石设置在重要部位，其中十一峰为太湖石，还专门辟石林小院来布置石峰、石笋。盛康购得此园后，进一步扩展东部区域并添置石景。当时瑞云峰已经被移走，盛康另外又觅得两座石峰，其中一座仍命名瑞云峰，另一座叫岫云峰，建园之初的假山堆叠特色一直被保留、延续。

（2）问名晓意　古木交柯——靠墙筑有明式花台一个，正中墙面嵌有"古木交柯"砖匾一方，花台内植柏树、山茶和南天竹，一台、一匾，整个空间干净利落、疏朗淡雅。

绿荫轩——绿荫轩临水而筑，为小巧雅致的临水敞轩。轩外景色溪山深秀，以赏留园春景为佳，它的西面原有一棵三百多年的青枫树，而东面又有榉树遮日，因此以"绿荫"为轩名，轩内匾额上"绿荫"两字，是著名书画篆刻大师吴昌硕先生的弟子——当代书画家王个簃所书。进入绿荫轩，朝北整面无墙，完全敞向山池，形成掩映—透漏—敞开的视景效果。

涵碧山房——出自朱熹诗"一水方涵碧，千林已变红"。建筑面池，水清如碧，涵碧二字不仅指池水，同时也指周围山峦林木在池中的倒影，故借以为名。刘氏时称"卷石山房"，盛氏时名"涵碧山房"。

活泼泼地

活泼泼地——出自殷迈自励诗"窗外鸢鱼活泼，床头经典交加"。此处鸢飞鱼跃，天机活泼，借以为名。建筑为水阁形式。

明瑟楼——出自《水经注》"目对鱼鸟，水木明瑟"。此处环境雅洁清新，有水木明瑟之感，故借以为名。楼为二层半间，楼梯在外，用太湖石堆砌而成，梯边一峰屹立，上镌"一梯云"三字。楼梯面东墙上，有董其昌书"饱云"二字砖匾一块。"一梯云"山石镶隅，取郑谷："上楼僧踏一梯云"之意。

明瑟楼

闻木樨香轩——内有楹联"奇石尽含千古秀；桂花香动万山秋"。典故出自黄庭坚悟道"闻木樨香"。

可亭——亭，《释名》："停也，道路所舍，人停集也。"可亭，取白居易"可以容膝，可以息肩，当其可斯可耳"之意，指此处有景可以停留观赏。

远翠阁——刘恕取名为"空翠"，后改为"含清"，盛氏时又取唐代方干"前山含远翠，罗列在窗中"诗句，命名为"远翠阁"。

自在处——佛教有"大自在"之说，指空寂无碍、心离烦恼。《法华经》云："尽诸有结，心得自在。"注："不为三界生死所缚，心游空寂，名为自在。"后多指一种自由自在、无挂无碍的境界。陆游有"高高下下天成景，密密疏疏自在花"诗句，借花的恣心自在之态，表达出自我的自在心态。此阁上层宜远眺，下层可近看，自成美景，与诗意相通，借以为名。前侧一峰名"朵云"，对面置有青石牡丹花台，雕刻精美，为明代园林遗物。

曲谿楼——沿水池东岸展开，取自《说文解字》"山渎无所通者曰谿"，"曲谿"即"曲溪"。

濠濮亭——出自《世说新语》"简文入华林园，顾谓左右曰：'会心处不必在远，翳然林水，便自有濠濮间想也，觉鸟兽禽鱼，自来亲人'"。

小蓬莱——出自《史记》"海中有三神山，名曰蓬莱、方丈、瀛洲，仙人居之"。此处在水池当中，故借以为名。二面曲桥相连，上面架以亭式紫藤棚架。此处有黄石，刻有"小蓬莱"三字，系新中国成立后新题。

五峰仙馆——此馆为园内最大的厅堂，五开间，九架屋，硬山造。由于梁柱均为楠木，故又称楠木厅。此处旧为徐氏"后乐堂"，刘氏时扩建为"传经堂"。盛氏时因得文徵明停云馆藏石，属吴大澂书其额，更名"五峰仙馆"，因厅堂前面厅山仿庐山五老峰而得名。

清风池馆——取自《诗经·烝民》"吉甫作诵，穆如清风"。又宋代苏轼《赤壁赋》中"清风徐来，水波不兴"。水榭向西敞开，平临近水，环境舒适，借以为名。建筑为水榭形式，单檐歇山造。匾额曰"清风起兮池馆凉"。

还我读书处——此处较为幽静，硬山书斋，取自陶渊明《读山海经》"既耕亦已种，时还读我书"。

石林小屋——建筑为小屋一间，因三面置有空窗，亦可称亭。刘氏时此建筑就有，盛氏时称"洞天一碧"，因此地在石林小院内，有如洞天福地中的一块碧玉，故名。1949年后称"石林小屋"。

揖峰轩——取自朱熹《游百丈山记》"前揖庐山，一峰独秀"。

汲古得绠处

汲古得绠处——唐代韩愈有诗"汲古得修绠"。《说苑》中"管仲曰短绠不可以汲深井"。绠，井索也，修绠，即长索。意思是说，钻研古人学说，必须有恒心，下功夫找到一条线索，才能学到手，如同汲深井水必须用长绳一样。

佳晴喜雨快雪之亭——一座卷棚歇山顶单檐方亭，东与冠云台隔廊相望。"佳晴"取自宋代范成大的"佳晴有新课"诗句，"喜雨"取自《春秋谷梁传》中"喜雨者，有志乎民者也"，"快雪"取自晋代王羲之《快雪时晴帖》，妙合而成"佳晴喜雨快雪之亭"，用来表达四时的景物无论是晴雨雪都值得观赏。

林泉耆硕
之馆

林泉耆硕之馆——林泉者，指山林泉石，游憩之地；耆，指高年；硕，有名望的人。这里是指老人和名流的游憩之所。北为方梁，有雕花；南为圆梁，无雕花。馆内有两匾，北"奇石寿太古"，南"林泉耆硕之馆"。

冠云峰——太湖石，冠云之名有《水经注》"燕王仙台有三峰，甚为崇峻，腾云冠峰，交霞翼岭"之意。此石集"瘦皱漏透丑清顽拙"于一身，高度6 m有余，为苏州最高的观赏独峰。

冠云楼——冠云，峰名，此楼为观冠云峰而设，盛氏时楼曾名"云满峰头月满天楼"，楼下名"仙苑停云"。

至乐亭——出自《阴符经》"至乐性余，至静性廉"。昔王右军生平笃嗜种果，谓此中有至乐存焉。盛氏时亭外皆植果树，园主取名"至乐"，即袭此意，主人能兼永叔右军之乐，主人之乐至矣。

舒啸亭——出自陶渊明《归去来兮辞》"登东皋以舒啸，临清流而赋诗"。亭为圆形攒尖式，建筑在西部土山上，下临清流，借以为名。盛氏时此处为"月榭星台"，1949年后重建，改名"舒啸"。

4. 布局

留园分中、东、西、北四个景区。中部以山池为主，为清代寒碧山庄基本构架，池碧水寒，峰回峦绕，古木幽森；东部以密集的建筑群及其庭院为主，曲院回廊，疏密相宜，奇峰秀石，引人入胜；西部自然山林，富有野趣；北部竹篱小舍，田园风味。

（1）中部园区　原寒碧山庄基址，全园精华所在。山北池南，假山南对重要景观建筑涵碧山房。建筑位于池水东、南两侧。园门至古木交柯、花步小筑处的建筑空间处理得非常巧妙。

留园的入口空间序列是古典园林中备受推崇的经典处理，由一条夹在高墙之间长达50多米曲折有致的巷道为主导，通过虚实变化、明暗对比逐渐引人入胜。似有意引导，又并非刻意为之，因为当时园林是位于住宅和祠堂的后面，它对外的通道只能安排在住宅跟祠堂的夹巷中，这样既保证祠堂、住宅、园林三者的大门都能连接到南面的街上，又拉长了园林的入口空间序列，达到欲扬先抑的效果。

入门首先到达比较宽敞的前厅，从厅的东侧进入狭长的曲尺形走道，再进入面向天井的敞厅，然后到一个半开敞的小空间，再转到"古木交柯"，它的北墙上开了一排漏窗，可以隐约窥见前面园林中区的山池楼阁。然后再折而向西，到"绿荫轩"，此时北望，豁然开朗，真正感觉置身园中。轩南还有题名"花步小筑"的小天井。

古木交柯

古木交柯位于山池景区入口部分。从园门经一段空间曲折变化的小巷，进入较为开敞的古木交柯小院。其特点有二：一是原生古柏与女贞相连理，故称古木交柯，现补种柏树、山茶，以南天竹作为配景；二是院北接建筑轩廊，漏窗漏景，漏窗花格由东至西，由密渐疏，西侧以空窗与绿荫轩相隔，以光影变化引导入园。

从古木交柯有向北、向西两条不同的线路：

①向西经花步小筑、绿荫轩、明瑟楼、涵碧山房、爬山廊、闻木樨香轩、远翠阁，进入五峰仙馆庭院。

绿荫轩

花步小筑天井和绿荫轩在古木交柯西侧，与其以不可进入的洞门相隔，框景花步小筑内石笋、古藤。此园位于明代花步里，即装卸花木的埠头（步通埠），因而得名。绿荫轩为硬山造，因轩东原有的一棵老榉树而得名。绿荫轩与花步小筑以雕花隔扇相隔，南透天井内石笋，北望开阔湖面。

涵碧山房、明瑟楼在绿荫轩西侧。涵碧山房是中部体量最大的主体建筑，南侧庭院也较大，以满足日照需求。其隔水与山相望，水中种荷花，也称荷花厅，东与明瑟楼相接，北设月台临水。

涵碧山房

涵碧山房西为别有洞天，向北经过一段曲廊后，进入爬山廊，其与山腰处设的云墙若即若离，单面空廊与双面空廊交替，随山势高下起伏，形成变化性小天井，空间体验十分丰富。

闻木樨香轩位于西墙爬山廊的山顶位置，与池东曲谿楼形成对景。山上遍植桂花，乃观秋景的佳处。此处山高气爽，环顾四周，满园景色尽收眼底。

中部园内北墙南侧为"之"字曲廊，连接远翠阁。"之"字曲廊的使用增加了空间的丰富性。其处平地，以自然山石进行烘托，以延续西南侧爬山廊的山林意境。远翠阁平面为正方形，双重卷棚歇山顶。阁南有明代青石牡丹花台，东有湖石花台。

②从古木交柯向北经曲谿楼、西楼、清风池馆，进入五峰仙馆庭院。

曲谿楼、西楼沿水池东岸展开，曲谿楼平面采用面阔大于进深的狭长条形，单檐歇山单坡顶，减少体量以免形成对湖面的压迫。一层设粉墙，墙西置奇石、植物，形成丰富投影，粉墙上开漏窗取景，营造隔而不断的空间连续感。楼八角形门洞上刻有文徵明手书"曲谿"砖额。

清风池馆

清风池馆为单檐歇山顶水榭，四面墙做法各有不同：西面临水开敞，凭栏可望池中蓬莱岛；东面镂花隔扇，漏景五峰仙馆；北为粉墙；南墙开窗，窗外有绿树峰石可赏。

濠濮亭位于曲谿楼西侧半岛的北侧临水处，与清风池馆相对。亭旁有十二峰之一的奎宿峰。

池中小蓬莱岛以桥与两岸相接，桥上架有紫藤。岛岸岩石参差，围合出较大的岛内空间。

池北山岗，山石兀立，洞壑隐现，可亭屹立于其上，六角攒尖顶，凌空欲飞。

（2）东部园区　东部乃留园居住部分，重重庭院，以五峰仙馆为中心，排布有还我读书处庭院、揖峰轩庭院、冠云峰庭院等。院落间以漏窗、门洞、廊庑沟通穿插，相互渗透、映衬，空间变化丰富。

鹤所

主厅五峰仙馆厅内装修精美，陈设典雅。主厅东、西山墙上开窗，分别透景揖峰轩小院、可亭山岗，视觉空间深远。南院湖石为厅山佳例，其仿庐山五老峰意境，起伏有致、延绵不绝，乃主厅南面对景。南院东南有昔日养鹤之处，曰"鹤所"，竹石倚墙，芭蕉映窗，满目诗情画意。北院立峰于花台之中，有十二峰之猕猴峰。主厅西侧为汲古得绠处，原为小书房。

洞门、漏窗

石林小院位于五峰仙馆东侧，由静中观半亭的洞门进入。揖峰轩为小院主体建筑，院内以立峰见长，轩南有晚翠峰，石林小屋东侧天井内有十二峰之一的干宵峰。院落周围天井空间丰富，以空廊分隔墙角的小天井以增加空间层次。小天井又以漏窗、洞门、空廊作框景、引景，空间相互渗透、虚实结合。每小天井内置峰，形成美妙画面。揖峰轩北侧狭长小天井内置湖石，从窗中望，形成一幅幅"无心画"。揖峰轩对面的石林小屋，一面开敞，三面开窗分别对景天井内的芭蕉、竹、立峰，空间虽小但感受丰富。还我读书处为书斋，硬山屋顶，其庭院位于揖峰轩北，环境幽静，西面天井以十二峰之累黍峰为对景。

冠云峰庭院位于东部园区最北侧。林泉耆硕之馆单檐歇山造，鸳鸯厅，室内用隔扇、落地罩分为南、北两厅，其结构装修各有不同。北厅有月台面对浣云沼，用于夏秋观赏；南厅用于冬春观赏。冠云楼前矗立着著名的留园三峰。冠云峰居中，瑞云峰、岫云峰屏立左右。冠云峰高6.5 m，玲珑剔透，相传为宋代花石纲遗物，系江南园林中最高大的一块湖石。冠云峰高度与林泉耆硕之馆距离之比约1∶3，尺度适宜。冠云峰前有浣云沼，周围建有冠云楼、冠云亭、冠云台、伫云庵等，均为赏石之所。冠云楼为不完整歇山造，北侧临园墙没有屋顶出檐，面阔三间，两侧缩进。佳晴喜雨快雪之亭在冠云台西侧，两者均为单檐歇山造，两亭妙在似连非连，以粉墙洞门、隔扇相隔，观景主题不同。

冠云峰庭院

（3）北部园区　北部园区主要体现"归田"意象，原来以菜圃为主，曾经用来种植瓜果，饲养家禽，营造田园风光。经过不同时期的调整和变更，目前整体景象已经发生了很大的改变，现布置有竹林、果树、葡萄架、月季园和苏派盆景园，部分恢复了江南乡村的氛围。

（4）西部园区　西部园区以假山为主，土石相间，浑然天成。山上枫树郁然成林，盛夏绿荫蔽日，深秋红霞似锦。至乐亭、舒啸亭隐现于林木之中。登高远望，可借苏州西郊上方、七子、灵岩、天平、狮子、虎丘诸山之景，体现了《园冶》中"巧于因借"之远借。山上云墙如游龙起伏，山前曲溪宛转，流水淙淙。至乐亭长六边形平面，六角庑殿顶。舒啸亭位于山顶，正六边形平面圆顶，亭东南有壑谷蜿蜒而下，通向"活泼泼地"。

从假山向西南顺溪流南行，廊尽端刻有"缘溪行"，取自陶渊明《桃花源记》中"缘溪行，忘路之远近。忽逢桃花林，夹岸数百步，中无杂树，芳草鲜美，落英缤纷"。水阁"活泼泼地"位于溪水东北角，接近曲廊尽头，南面临水，其下凹入，宛如跨溪而立，有水流不尽之感。

5. 理微

（1）建筑　东园时期的主人徐泰时为明万历八年（1580）进士，在建筑方面的才干突出，曾任职工部营缮主事，因修缮慈宁宫功绩突出被万历皇帝嘉奖，晋升为营缮郎中。在万历十二年（1584）兴建定陵的时候，徐泰时被派往工地总理寿宫，负责"相土宜，定高下，鸠工役，量经费，聚财用，裁冗滥"等工程管理和建设工作，定陵建成后又受嘉奖，进秩太仆寺少卿，仍掌部事。后因得罪上司和同僚被御史弹劾，在万历十七年（1589）十二月回籍听勘，四年后被朝廷罢职不用，不复入仕。时年徐泰时已经53岁，仕途受挫而于金阊门外二里许治别业。"三分匠七分主人"，工部营缮出身的徐泰时为这座园林奠定了"华瞻"（陈从周语）之美的基调。

还我读书处

五峰仙馆

徐泰时东园时期的主体建筑是后乐堂，取范仲淹《岳阳楼记》之"先天下之忧而忧，后天下之乐而乐"之意，除此之外后乐堂之南有面阔三间的楼，登楼而上可远观灵岩山、天平山等。袁宏道说："徐冏卿园在阊门外下塘，宏丽轩举，前楼后厅，皆可醉客。"现五峰仙馆基址即为原徐氏后乐堂，经刘恕扩建改名传经堂，盛氏得园后又改名五峰仙馆，面阔五间，面积达300多平方米，宏丽轩敞，为鸳鸯厅。其室内装修精致，梁柱的构件全部采用楠木，所以又称楠木厅。五峰仙馆是接待宾客的地方，其东面的还我读书处和揖峰轩是书斋，东南角还有鹤所和石林小屋，这几座小建筑和五峰仙馆以及彼此之间由曲廊紧密地连在一起，曲廊在转折过程中围合形成了多达12个院落，其中4个是庭院，8个是小天井。这些院落或封闭或开敞，内部点缀山石、花木，构成建筑前后和左右大小不等的通透空间，形成各种角度的框景、漏景、引景的效果。

中区建筑造型对比丰富，尺度合宜，尤其是曲谿楼、西楼、清风池馆这三者的组合。曲谿楼为狭长的五开间楼房，进深很浅，如同走廊，立面开窗有虚实变化，屋顶采用单坡，但又设计了半个歇山顶，向池水有飞扬的一角；西楼略错后，其下部以实墙为主；清风池馆再向前凸，敞开临水，前有曲栏。这三者平面错落，立面参差，组合有致。

曲谿楼

全园曲廊颇有特色，长达六七百米，其相互贯穿，依势曲折，通幽度壑。曲廊与小天井结合得非常巧妙，利用空廊、小天井、漏窗、隔扇、洞门等形成相互渗透的空间变化，利用框景、对景、漏景来展示奇峰异石、名木佳卉。中部园区西北一带的曲廊与围墙时而分离、时而紧贴，为方便排水，屋顶形式或双坡、或单坡，设计精妙，变化多端。

（2）理水　留园山水格局采用了对比方法，中部形成以水体为主、四周假山为辅的开敞景观；而西部形成以山体为主、水体为辅的山林景观；东部则在疏密相间的庭院天井中置山石花木形成丰富的观赏意境。

西部溪流景观暗含了桃花源意境；中部开阔池水中设小蓬莱岛，暗喻大海、仙山。中部旷阔，西部奥幽。

理水

中部池山西北角设水涧，池水仿佛有源头，洞口对景石矶。洞上结合道路设石梁，形成层次丰富的景观，凹入处理，形成无尽的空间感受。

浣云沼反射冠云峰倒影，犹美人对镜梳妆，其水面尺度小，衬托出冠云峰窈窕灵秀之姿，乃镜借佳例。

（3）掇山　中部假山为明末周秉忠叠置，后经多次改建。西部假山以土为主，叠以黄石，气势浑厚，山上古木参天，浓荫蔽日。东部多用象征手法，庭院天井中置石峰，尺度不大。

园主刘恕酷爱奇石，多方搜寻，在园中聚太湖石十二峰，蔚为奇观，自号"十二峰啸客"。后又寻独秀、段锦、竞爽、迎辉、晚翠五峰，及拂云、苍鳞两支松皮石笋，并称其院落为"石林小院"。这些石峰是漏窗、门洞等对景、漏景、框景的主要题材，与驳岸、花台等也相互映衬。

西部假山山腰的云墙，露出部分很低，从侧面烘托了假山的高度。云墙将景区分为两部分，西部山峰是主山，山脚中部山池部分为南北展开的副山，形成"主山横则客山侧"的构图。山体余脉利用石头处理成不同高度的花台，结合植物种植，形成绵延的客山山麓。山石花台主要用于抬高花卉的观赏视点，同时也防止地下水位较高对牡丹等花卉的生长产生影响。

西部土石假山山顶营造参差起伏之势，叠石不求高耸，但求错落有致，有层次感。山上舒啸亭东南有壑谷蜿蜒而下，深度1~1.5 m，情趣颇佳。

（4）植物配置　又一村处营造田园景象，现广种竹、李、桃、杏等农家花木。缘溪行处则种植大量桃花。西部、中部假山植密林，营造山林意境。

园中以牡丹比喻园主高尚的品格。古木交柯砖砌花台上的古柏、山茶、南天竹，花步小筑的古藤、绿荫轩旁的青枫、曲谿楼旁的枫杨、小蓬莱岛上的紫藤都是植物独立成景的佳例。而石林小院中的罗汉松、美人蕉，厅山上的六月雪，岫云峰上的木香则起点缀小天井、立峰、叠石及驳岸的作用。

（四）实习作业

①实测园门至古木交柯、花步小筑的线路平面，分析其空间转折开合的手法。

②在留园五个院落（古木交柯小院、花步小筑小院、五峰仙馆院落、石林小院、冠云楼院落）中任选一个实测其平面。

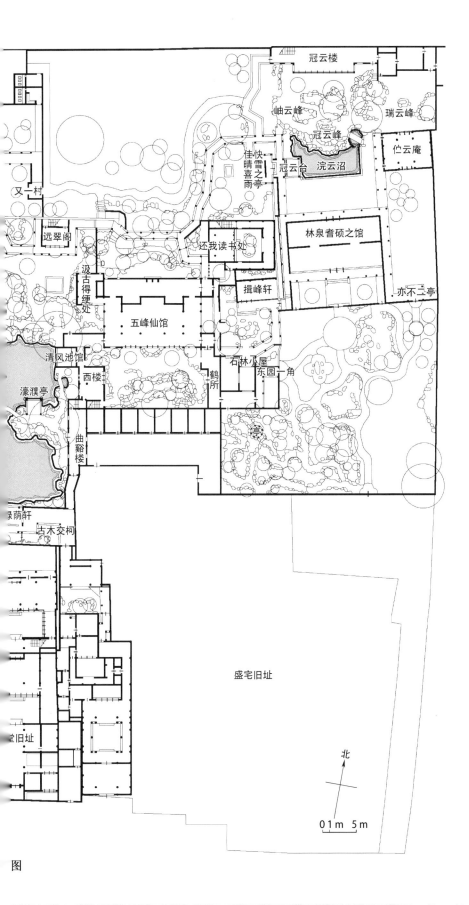

冠云楼

岫云峰　　　瑞云峰

冠云峰

伫云庵

佳快　冠云台　浣云沼
晴雪
喜喜
之雨
亭亭

又一村

远翠阁

林泉耆硕之馆

还我读书处

汲古得绠处

揖峰轩

亦不二亭

五峰仙馆

清风池馆

西楼

石林小屋

濠濮亭

鹤所

东园一角

曲谿楼

亭

泉荫轩

古木交柯

盛宅旧址

宅旧址

北

0 1m 5 m

图

③实测明瑟楼西南侧湖石云梯，测绘其平、立面及环境平、立面。

④选园中建筑、植物、假山等美景，速写四幅。

（五）思考题

①总结留园中空间布局的特征和方法。

②分析冠云峰院落的视景组织特色。

③思考留园的建筑布局、形式和尺度对空间和视觉的影响。

④总结留园掇山置石的艺术手法。

（编写人：杜　雁　张　健）

绿荫轩

冠云峰庭院

涵碧山房

三、网师园

（一）背景介绍

网师园位于苏州市带城桥南十全街阔家头巷，占地面积近 5 333 m² （包括花圃及厅堂部分）。此地古时"负郭临流，树木丛蔚，颇有半村半郭之趣"。网师园前身为南宋淳熙年间（1174—1189）吏部侍郎史正志的"万卷堂"，花园名"渔隐"，面积颇大。史正志死后，其子将园赏于丁氏。丁有四子，园分为四，遂荒废。

至清乾隆中叶（1770）时，光禄寺少卿宋宗元退隐归来，购得其一部分，擘划筑园，拟作养亲退隐之所，自比渔翁，又因附近有王思巷，取谐音，故名"网师园"。宋宗元逝去后，"其园日就颓圮，乔木古石，大半损失，惟池水一泓尚清澈无恙"。清乾隆末年（1795），太仓瞿远村偶过其地买之，因其规模，别为结构，叠石种树，增建亭宇，遂成现在布局基础，名胜一方，俗称"瞿园"。同年，钱大昕作《网师园记》嵌于轿厅"清能早达"廊间。清嘉庆年间（1796—1820），园内栽植芍药十分著名，曾与扬州芍药并称。同治年间（1862—1874），李鸿裔代为园主，易园名为"蘧园"。因园与宋代苏舜钦所筑沧浪亭相近，李氏亦曾自号"苏邻"，故又称"苏邻小筑"。后园曾归吴加道，至清光绪十一年（1885）又重归李鸿裔。

民国六年（1917）张作霖以园赠其师张锡銮，改称"逸园"。抗日战争前几年，叶恭绰、张善子、张大千曾一度分居宅园，张氏兄弟饲养乳虎，揣摩写生，后园归何亚农。

1958 年，苏州市园林管理处接管网师园，对其进行全面整修，扩建梯云室一区庭院及冷泉亭、涵碧泉等处。1963 年，网师园被列为苏州市文物保护单位，1982 年被列为全国重点文物保护单位，1997 年，与拙政园、留园、环秀山庄一起作为苏州古典园林典型例证被列入《世界遗产名录》。

（二）实习目的

①熟悉网师园的历史沿革及其在中国古典园林中所处的历史地位。
②通过实地观察、记录、测绘等方法，掌握网师园的整体布局及造园特点。
③掌握中国古典园林中以水面为核心的小型宅园造景手法。

（三）实习内容

1. 明旨

作养亲退隐之所，享田园之乐。

2. 相地

此地古时"负郭临流，树木丛蔚，颇有半村半郭之趣"。

3. 立意

（1）构园立意　网师即渔父，借渔隐之意，显隐逸清高之思。

（2）问名晓意　网师小筑——渔隐之所，小巧精致，环境清幽之地。

中部景区：

彩霞池——因池中倒映天光云色，亭阁松枫，满目风光而名。

濯缨水阁——取屈原《渔父》"沧浪之水清兮，可以濯吾缨"之意。

樵风径——取自苏洞《归越中所居》诗句"采莲樵风径，看竹兰亭路"，寓隐者采薪所经行之地。

月到风来亭——取自北宋邵雍《清夜吟》诗句"月到天心处，风来水面时。一般清意味，料得少人知"。

竹外一枝轩——取自苏轼《和秦太虚梅花》诗句"江头千树春欲暗，竹外一枝斜更好"。

射鸭廊——借古代宫廷仕女喜爱的游戏"射鸭"的娱乐之意。

南部景区：

小山丛桂轩——取自庾信《枯树赋》诗句"小山则丛桂留人，扶风则长松系马"，显留客之意。

蹈和馆——取"履中蹈和"和安吉之意。

琴室——操琴之所。

北部景区：

看松读画轩——因堂前有古柏苍松而得名。

集虚斋——出自《庄子·人间世》"唯道集虚，虚者，心斋也"。

五峰书屋——取自李白《登庐山五老峰》诗句"庐山东南五老峰，青天削出金芙蓉"。

西部景区：

殿春簃——取苏轼"尚留芍药殿春风"诗意。

潭西渔隐——池西隐逸之所。

冷泉亭——因临涵碧泉而名。

涵碧泉——因泉水碧蓝碧蓝、潺潺而流而名。

东北景区：

梯云室——庭院中有一架山石云梯通往五峰书屋，室前有月台，取"梯云取月"之意，出自《宣宝志》中"周生八月中秋以绳为梯，云中取月"的典故。

4. 布局

网师园的园林部分位于邸宅西侧和后部，由阔家头巷邸宅大门经轿厅西侧刻有"网师小筑"的小门入园。在布局上大致可分为四个景区：中部以水池为中心，环池布置建筑、山石、花木，此区为中心区；南面以小山丛桂轩为中心，辅以蹈和馆、琴室为一区，为待客宴集之所；北面看松读画轩、集虚斋、五峰书屋为一区，为书画吟咏之处；西侧隔墙、殿春簃、潭西渔隐、冷泉亭划为一区。东北为原下房和扩建的梯云室庭院。整体上采用主辅景区对比的手法，主景区居中，周围环绕若干较小的辅景区，为主景区的补充和延伸，形成众星拱月的格局。

园林的主景区以一个略见方形的水池为中心，沿池布置景物，安排游线。水池南部临水布置有濯缨水阁，为南岸风景画面构图中心。阁东侧为临水堆叠的黄石假山"云冈"，有磴道洞穴，颇具高峻雄险气势，山上疏植枫、桂、玉兰，形成一道屏障，把小山丛桂轩半隐于后。水池北部为主景区建筑物集中地，看松读画轩和集虚斋前后错列布置。轩稍往北退，留出些许的空间，叠置山石，栽植松柏，围成一类似庭院的空间，增加北岸景深和层次。同时古树枝干遒劲、姿态苍古，自轩内南望俨然一幅苍松古柏图，故轩以"看松读画"为名。轩东侧为两层楼房集虚斋，斋前临水有体态低平的廊屋竹外一枝轩。轩内南置美人靠可赏环池之景，北开月洞门透取集虚斋前庭茂竹修石，成为北岸观景最佳处。池东为一粉壁高墙，上饰四方假漏窗以避免呆板。北端临水靠墙设置有射鸭廊，山花向外，翼角飞扬，既为通往内宅园门，又是东岸点景之物，同时还可凭

竹外一枝轩

栏赏池。射鸭廊借古代射鸭的娱乐之意，增加趣味，也有化实为虚的作用。廊之南沿池岸堆叠有一脉逶迤的黄石假山，为"云冈"的余脉延伸。轩与假山，一人工，一天然，衬于粉壁之前，倒映于清池之上，恰构成一幅完整画面，且增加东岸的景深，避免局促感。池西仅有曲折回廊沿墙而设，随堆叠山石高下起伏，南衔濯缨水阁，北至殿春簃庭院门前，中间架水有亭翼然，名"月到风来亭"。此亭突出于池水之上，踞势优胜，清风明月，一览无余，成为池西控制性景点。亭壁置镜，映出园池花木，大大扩展宅园空间。亭再北，渡平板石桥即至池北岸的看松读画轩。主景区以水为主，主题突出，布局紧凑，通过对尺度比例的精妙把握，对空间旷奥的巧妙处理，而使网师园"地只数亩，而有迂回不尽之致"。

月到风来亭

主景区为求空间开阔疏朗，贴水而建成为四岸风景构图中心的皆为小体量建筑，通过尺度对比，反衬池面辽阔。临水最大体量者为濯缨水阁，仅略大于水榭，比通常园林中的主厅小得多。竹外一枝轩为扩大的敞廊，空透玲珑，虚实相间；射鸭廊则为收进的半轩。它们与山石花木构成临水的近中景，同时遮掩远处的五峰书屋、集虚斋等高大建筑，形成高低错落、层次丰富的建筑组群。

而较大体量的建筑尽退离池岸，并采用各种手法遮掩、弱化。池南的小山丛桂轩，池北的看松读画轩及集虚斋皆远离水池，以减小体量感，避免空间壅塞。小山丛桂轩前有"云冈"假山，半遮建筑；看松读画轩前有山石花台、苍松古柏，使其显隐有致；集虚斋前则有竹外一枝轩遮掩过渡。

辅景区由一系列面积较小的空间组成。西面的殿春簃庭院为辅助空间中最大者，与主景区仅一墙之隔。正厅书斋殿春簃坐北朝南，南向庭院户牖虚敞。屋前曾辟有药栏，遍植芍药，因芍药花时暮春，取意"尚留芍药殿春风"，因此取景名"殿春"。院内西垣依墙下设半亭，名"冷泉亭"，亭南有泉"涵碧"，旁置湖石一组。美国纽约大都会艺术博物馆内的中国式庭院"明轩"，即以殿春簃庭院为蓝本设计建造。

殿春簃庭院

网师园南部的小山丛桂轩与琴室皆为幽雅奥妙的小庭院。从网师小筑园门进入便是小山丛桂轩，为传统四面厅形制，体量较小。轩北依假山"云冈"，南对湖石花台，东侧木香附壁，西循廊至蹈和馆与琴室，围成一幽闭庭院。人在轩内居坐宴息，环顾四面，皆成景入画。琴室庭院狭小，仅一厅一亭占据近半，空处点缀少许山石花木，幽邃氛围与其功能相协调。

网师园北部集虚斋前也是一处幽静小院，内有数杆修竹，可透月洞门与漏窗窥得主景区一隅。五峰书屋原为从前藏书处，其名取意李白诗"庐山东南五老峰，青天削出金芙蓉"，意指屋前庭院巍然屹立的假山，峰石挺秀。五峰书屋东的庭院及梯云室庭院为1958年修复扩建，湖石花台，花木散植。梯云室前有假山磴道可至二层书楼，取"梯云取月"之意。

此外，网师园尚有多处小院、天井，或隐或显，或旷或奥，形成一系列的辅助空间，映衬出主景区的开阔。

5. 理微

（1）建筑　网师园为一座宅园，建筑密度高达30%，然而通过合理的布局、尺度的精巧把握，并不给人壅塞的感觉。园内建筑以造型秀丽、尺度小巧见长，尤其是环池的亭阁，独具小巧、低矮、通透的特点。

（2）理水　园内水体略呈方形，面积仅半亩余，水面聚而不分，池面开阔，清澈荡漾。水池西北有水湾，渡以平板折桥；东南有小溪上跨小石拱桥，形成水口和水尾，隐喻水体的来龙去脉。小石拱桥为苏州园林中之最小者，运用对比手法，反衬出水池之广及两侧假山的气势。水池宽度约20 m，正好可收纳对岸完整画面于人正常水平视阈和垂直视阈范围内。水池四岸之景正如四幅完整画面，内容不尽相同但却各有主景和衬景。池岸低矮，采用黄石堆叠，下直上挑，凹凸若有洞窟，辅以跨水、临水的桥、亭、阁，营造出水广波延、动荡无尽之意。池中不植莲藻，仅池岸间有垂蔓，使天光云影、廊阁亭桥倒映其中，丰富景色、开阔空间。

理水

梯云室

殿春簃

看松读画轩

集虚斋

五峰
书屋

冷泉亭

月到
风来亭

竹外一枝轩

射鸭廊

撷秀楼

濯缨水阁

小山丛
桂轩

大厅

蹈和馆

轿厅

琴室

宅门

网师园平面图（摹自《苏州古典园林》）

（3）植物配置　园林小巧，植物数量不多，有青枫、桂、白皮松、黑松、紫竹、玉兰、南天竹、芭蕉、迎春、牡丹等。主景区植物配置以孤植为主，以点景或辅助假山、建筑营造主题意境。看松读画轩前有苍松古柏数株，高耸挺立，虬枝蟠扎，成天然画趣；射鸭廊侧有黑松斜逸，自成一景；小山丛桂轩四周以丛桂为主，辅以青枫、梧桐、玉兰等。其他辅助空间多有一两株姿态优美的主景树，如青枫、白皮松等，再辅以紫竹、南天竹、芭蕉、牡丹等，配合山石构成各色景观。

（四）实习作业

①测绘以水池为中心的主景区平面图与南、北侧立面图，分析总结其造景手法。
②实测殿春簃整体院落。
③自选园内建筑、植物、假山等景色优美处，速写二幅。
④测绘小山丛桂轩南面和西面的山石花台平、立面图。

（五）思考题

①思考隐逸思想在网师园中的体现。
②思考园林空间艺术的"小中见大"原理在网师园中的应用。
③思考园内建筑和景点的题名用典和其表达的意境。
④思考中心水面四周建筑的体量和尺度控制方式。

（编写人：张　群）

冷泉亭

引静桥

竹外一枝轩

四、艺圃

（一）背景介绍

苏州艺圃位于苏州老城西北的吴趋坊文衙弄，面积约 3 360 m²（约 5 亩），其中水面面积667 m²（1 亩），明嘉靖年间由袁祖庚创建，初名醉颖堂；袁氏之后万历末年宅园归文震孟所有，更名为药圃；清初顺治年间为姜垛所得，再更名为艺圃。

明嘉靖三十八年（1559），时任按察司副使的袁祖庚因下属诬告被免官，回到老家苏州府长洲县（今苏州市）。在城的西北、西近阊门的吴趋坊购地 6 667 m²（10 亩），营建家宅，此即艺圃营建之始。袁祖庚对仕途已然无望，在家中邀朋聚友，终日以饮酒、诵诗为乐，将自家宅园命名为"醉颖堂"，并在门额上题名"城市山林"，过起了"十亩之宅，五亩之园，有水一池，有竹千竿。有书有酒，有歌有弦"的生活。

明万历十八年（1590）袁祖庚卒，醉颖堂传给其子孝思。袁孝思赴京城为官，之后醉颖堂逐渐凋败。袁祖庚卒后大约 30 年，时当万历末年，另一位苏州人文震孟购得了醉颖堂。文家是名门望族，文震孟的曾祖父是文徵明，祖父文彭是著名的书画家、篆刻家，国子监博士。文震孟得醉颖堂后改名为药圃，在园中莳花种药，并营建了多处建筑，奠定了园子的基本格局，"药圃中有生云墅、世纶堂。堂前广庭，庭前大池五亩许。池南垒石为五老峰，高二丈。池中有六角亭，名浴碧。堂之右为青瑶屿，庭植五柳，大可数围。尚有猛省斋、石经堂、凝远斋、岩扉。"据此可知，药圃的主体是一个面积为 3 333 m²（5 亩）的水池和池南的石山，既然池水是园的主导，园中的主要建筑就宜采用环池而建的格局。

明崇祯九年（1636），文震孟病卒。文氏经营药圃，自万历末年至崇祯九年，前后不足 20 年时间。清顺治十六年（1659）年末，姜垛经友人介绍购得药圃为宅，姜垛能得袁、文二人之故居为宅，感慨良多，于是作《颐圃记》与《疏柳亭记》专记此事，并改"药圃"为"颐圃"。姜垛以"颐"字名圃，是为了表达不求外物、自足于山林的心志。因为难忘戍所宣州，姜垛以宣州的敬亭山为号，自称敬亭山人，又称颐圃为"敬亭山房"。后来其次子实节又将"颐圃"改名为"艺圃"。

（二）实习目的

①学习早期江南园林"山池主景，建筑观景"的构园思想。
②学习园林空间层次和深度的处理手法。
③学习传统园林视景艺术的藏景、对景、框景、隔景处理手法。
④学习浴鸥院庭院理景艺术。

（三）实习内容

1. 明旨

艺圃建于明嘉靖末年，学宪袁祖庚因受到官场排挤，40 岁即罢官归隐，在此处建园自居，门楣题为"城市山林"，是江南文人园林的典型追求，反映了园主人一心归隐山林的思想，因此整个艺圃造园风格简单质朴，自成山林之趣。

2. 相地

艺圃营建之始，选址于苏州老城西北处，距离繁华的阊门不远，却位置偏僻而不易到达，是繁华街市到城外郊野的过渡区域，成为"大隐隐于市"的文人士大夫建园选择的上佳位置。

3. 布局

尽管主体水面较明代为小，艺圃仍然保持了"北堂—中池—南山"的基本序列格局。艺圃以一泓池水为中心，池北以建筑为主，池南则因阜叠石为山，池的东西两岸以疏朗的亭廊树石作南北之间的过渡和陪衬，园景简练开朗，风格质朴自然。池北以延光阁、博雅堂、世纶堂等建筑为主，临湖建筑悬挑于水上，立面平直，长约 31 m，不加构图修饰，形成粗犷质朴的风格。水池南部以一组土石山为主，园之西南，过了响月廊连接芹庐小院，此院与浴鸥小院相连，庭院精致优雅，是苏州园林中又一独特的园中园。池东以乳鱼亭为点景和过渡，连接了北部建筑和南部假山，该亭为明代遗构，建筑艺术价值颇高。

建筑立面

4. 理微

（1）掇山　艺圃掇山处主要位于全园南部及浴鸥小院之中。园子南部山体垒土为山，制高点设置"朝爽台"。靠南墙而下，为一平岗小坂，散点埋设石骨，与这一平岗小坂隔山路再起土山陵阜，土山点石及葱郁的林木所形成的景象，仿佛自然山麓余脉的一角，使人产生园外就是大山的幻觉。南部掇山结合水体动势，山麓水涯，群峰十数，最高处与念祖堂正对着的是"垂云峰"，整个登山道自下而上与自然山林融为一体，运用石径、池水与绝壁三者结合，相互衬托，极富天然之趣。浴鸥小院中以湖石叠山，形成具有山地韵味的湖石花台，为整个庭院增添了浓郁的山林野趣。

主体假山

浴鸥院山石

（2）理水　其山池布局大致保持了明末清初的旧况，池水以聚为主，占到主体园林面积的近 3/5，因此水面开阔，给人旷远之感。水池的东南和西南两角营建水湾，正南面则山林横陈，古树参天，故水面既能开朗弥漫，又能萦绕于山，其源可寻。艺圃的水岸石矶更显宽阔，适宜停留，石岸与曲桥、弧桥相接，曲折婉转间建立与水面不同的空间联系。西南角过月洞门至浴鸥小院，院内凿以小池与大池相通，在驳岸处理上尤见特色。小池四周用太湖石驳砌，并有若干水口，池西用石卧砌，以与小庭院相协调，池东驳岸用石多竖叠，再配以若干峰石，与紧贴东墙沿壁而筑的峰石和土山一气呵成，由于与隔墙山林相呼应，始获临山而筑之感，而山林之气毕露。

（3）植物配置　文震孟初建园子时以"药圃"为名，意即种植香草的园圃，因此艺圃至今留有"香草居"这一景点。"药"即香草中的"白芷"，《本草纲目》中记载："白芷，楚人谓之药。"古人借白芷、杜若、蘼芜等香草比德，如屈原的《楚辞·九歌·湘夫人》中描述："桂栋兮兰橑，辛夷楣兮药房。"全园植物丰茂，池中有莲、浮萍，岸边有香蒲、莎草、茭蒿。木本植物有梧桐、柳、楸、松、枣、梅、杏、杜梨等；草本植物有兰花、芭蕉、蓼草、罂粟等；藤本植物有紫藤、薯蓣等；还有竹类植物。园中主体建筑博雅堂南有小院，院中设太湖石花台，主要种植牡丹。池南的土石山上种植有年逾上百的白皮松、朴树、枳椇、瓜子黄杨等，林木茂密，山林之气油然而生。池东南思嗜轩旁种植枣树一株，以红色的枣比喻园主人姜垛的赤子之心。轩西临池处的乳鱼亭周边种有柳、梧桐各一株，喻隐逸高洁之意。浴鸥院中散置湖石，种植迎春、红枫等花木，并以榔榆为主景，十分入画。

植物配置

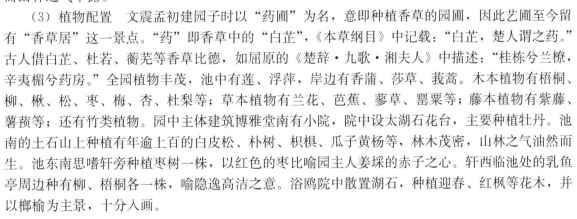

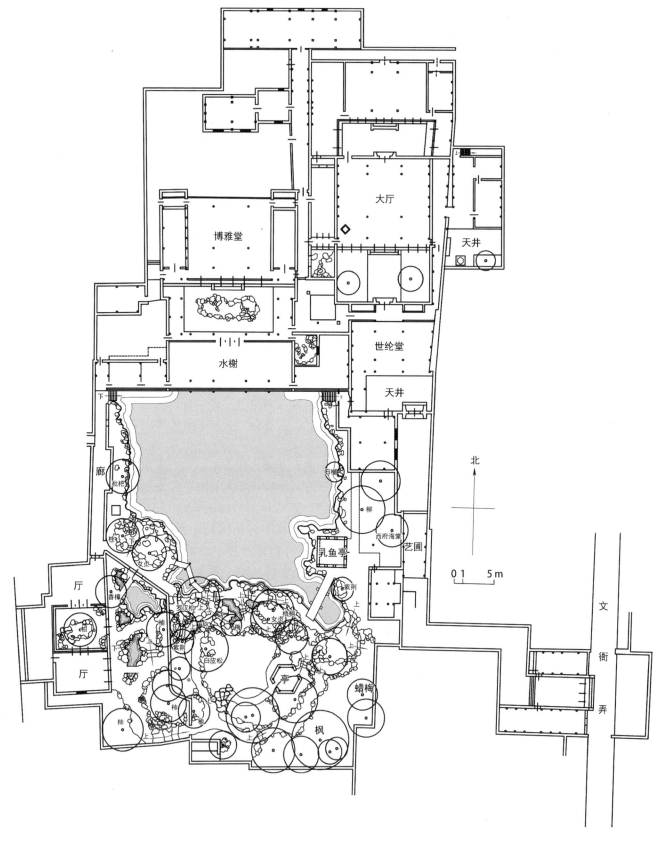

大厅

博雅堂

天井

世纶堂

水榭

天井

廊

批杷

桂

香樟

厅

女贞

罗汉松

柏

厅

紫荆

白皮松

柿

榆

柿

榆

竹榭

柳

西府海棠

艺圃

乳鱼亭

紫荆

楷楠

亭

蜡梅

枫

北

0 1　　5 m

文衙弄

艺圃平面图

（4）建筑　艺圃中临水建筑均取低矮建筑形式与水面贴近，直接临水，与园林相融。以花木衬托，使主体建筑成为延伸至水面的可观景点，同时也是欣赏对景的最佳观赏点。水榭与两侧附房形成水池的北岸线，岸线平直开阔、干净利落，但过长的直线略显单调与突兀，与池南自然式园林形成对景，具有独具一格的艺术效果。东侧建筑的粉墙、砖墙与绿色植物形成白、红、绿三个层次，色彩对比突出，层次分明。整个主景区框架分明，与其他细致精巧的园子相比更显粗犷质朴之感。园中南部山体一侧的乳鱼亭为明代遗构，亭为四角，其梁架带有明显的明代范式和特色。临池一面中无立柱，亭内四根搭角梁皆为月梁，梁上置斗，支承角梁，角梁根有坐斗承托天花。在构架落地水洗时发现在搭角梁、天花等处均有彩绘痕迹，这在苏州园林建筑中并不多见。

西侧建筑

（5）其他园庭　浴鸥院位于水池的西南水湾一角，《列子》中记载有人与群鸥相嬉的传说，因此古人常以"鸥盟"或"盟鸥"隐喻有退居林泉之想，如辛弃疾《水调歌头·壬子三山被召陈端仁给事饮饯席上作》"富贵非吾事，归与白鸥盟"即为此意；而鸟之飞上飞下谓之"浴"，所以浴鸥有悠闲自在之喻。李渔在《闲情偶记》中说："幽斋磊石，原非得已。不能致身岩下，与木石居，故以一卷代山，一勺代水，所谓无聊之极思也。然能变城市为山林，招飞来峰使居平地，自是神仙妙术，假手于人以示奇者也，不得以小技目之。"庭除垒片石以为山，植数树以为林，以少胜多，自有岩栖之致。小院内小池居中，呈南北狭长形，中有太湖石石梁和汀步相隔，因此显得悠远修长，而从小园中透过浴鸥月门，约略能见到水烟弥漫的大池和对岸建筑，从而消除了空间狭小逼仄的感觉。

（四）实习作业

①实测芹庐院，并绘制比例为 1：200 的剖面图以反映竖向变化。
②实测乳鱼亭及其周边环境。
③速写 2～3 幅，其中要包含主景区南面假山和度香桥景点。

（五）思考题

①艺圃在理水上是如何体现自然之趣的？
②明代叠山的方式有哪些？艺圃中的山石是如何体现这些方式的？
③在浴鸥院的空间营建中如何处理藏与露的视线关系？

（编写人：王　玏）

建筑空间水平构图 罗文倩摄影

主体假山 王玏摄影

浴鸥院山石 罗文倩摄影　　　　　　　　　　西侧建筑

五、沧浪亭

（一）背景介绍

沧浪亭，地处苏州市城南三元坊，西邻文庙，北毗沧浪亭街，是苏州现存古典园林中最古老的一座园林，与狮子林、拙政园、留园分别代表宋、元、明、清四个朝代的艺术风格，被称为苏州宋、元、明、清四大园林。与苏州诸园墙高院深的空间体验不同，沧浪亭别具山林野趣——园外以水为界，巧借外景；园内以山为核，俯瞰全景。

沧浪亭，千百年间历经七兴六废。最初系五代吴越国广陵王近戚孙承祐的池馆。据范成大《吴郡志》记载，沧浪亭始建之时，"积土为山，因以潴水""积水弥数十亩，傍有小山，高下曲折，与水相萦带"。北宋庆历年间，苏舜钦罢官流寓苏州后购得孙氏池馆。在水旁筑亭，取名"沧浪亭"。苏舜钦卒后，章粢扩大了沧浪亭的面积，于亭北洞山下发现嵌空大石，于是"增累其隙，两山相对，遂为一时雄观"（范成大《吴郡志》）。南宋绍兴年间，韩世忠据此为韩蕲王府，俗称"韩园"。韩氏筑桥连接两山，名为"飞虹"，山上建寒光堂等，水边筑濯缨亭，但仍以沧浪亭最胜。其后，沧浪亭毁于南宋末年的兵灾，真正意义上的"沧浪亭"就此湮灭。元明时期，沧浪亭基本为僧侣所有，曾是大云庵等寺庙所在之处。明嘉靖年间，文瑛和尚于大云庵旁重建沧浪亭，但于清康熙二十三年（1684）前后第二次被毁，直至康熙三十五年（1696），沧浪亭才得以彻底修复。江苏巡抚宋荦披阅图乘得沧浪亭遗址，重加修复，构亭于山上，又得文徵明书"沧浪亭"三字作匾额，于园北临池增石桥为入口。康熙五十年（1711）前后，沧浪亭第三次被毁。巡抚吴存礼在康熙五十八年（1719）第四次重修，然沧浪亭于道光五年（1825）第四次被毁，巡抚梁章钜在道光七年（1827）第五次重修，集苏舜钦、欧阳修诗句书楹联"清风明月本无价，近水远山皆有情"。咸丰十年（1860），太平军入城，沧浪亭第五次被毁。直至同治十二年（1873），巡抚张树声到苏州主持原址重建，沧浪亭南为明道堂，堂之后建东蓄、西爽，向西为五百名贤祠，祠南为翠玲珑。园北面邻借葑溪，有面水轩临水而建。其他如清香馆、看山楼等大半就地结构，题额、石刻、楹联、题咏、绘像等沧浪亭地景皆恢复旧观，基本奠定了今日沧浪亭的地理布局。民国十七年（1928），沧浪亭再次成为废园，再由吴子深捐资，进行第七次修复。

（二）实习目的

①获得对中国古典园林艺术的直观感受与亲身体验。
②了解沧浪亭园主人的造园意旨与设计手法。
③对园林艺术、园林建筑、园林植景以及园林工程等课堂知识加深理解并融会贯通。
④学习沧浪亭"承古意、顺时变"的遗产保护思想。

（三）实习内容

1. 明旨

《园冶》开篇第一句"三分匠、七分主人"，意在表明造园与建房不同，园林之意趣在于园主人。而沧浪亭缔造者苏舜钦在《沧浪亭记》中写的第一句话，即显露其心迹，"予以罪废，无所归。扁舟吴中，始傫舍以处。时盛夏蒸燠，土居皆褊狭，不能出气，思得高爽虚辟之地，以舒所怀，不可得也。"仕途失意、满腹经纶的苏舜钦，对社会和朝廷心存怨气，偏逢城内居所狭小，郁气难解，遂形成寻觅"高爽虚辟之地"的空间意识。

2. 相地

什么是苏舜钦心中的"高爽虚辟之地"？如《沧浪亭记》所述："一日过郡学，东顾草树郁然，崇阜广水，不类乎城中。并水得微径于杂花修竹之间。东趋数百步，有弃地，纵广合五六十寻，三向皆水也。杠之南，其地益阔，旁无民居，左右皆林木相亏蔽。"因而，草树、广水、修竹所构成的山间野趣之地，成为苏舜钦忘却功名、排解郁气的心灵净土。

3. 立意

（1）构园立意 沧浪——"沧浪之水清兮，可以濯吾缨；沧浪之水浊兮，可以濯吾足"出自屈原的《渔父》，"安能以皓皓之白，而蒙世俗之尘埃乎"，比喻"君子处世，遇治则仕，遇乱则隐"。苏舜钦被废官流寓至苏州时，定然是愤懑失落、郁郁不得志的，其在园中造此亭自比屈原，"举世皆浊我独清，众人皆醉我独醒"，表露了苏子美决心避隐山林的遁世之想。在古代文人眼中，水为自然圣洁之象征，因而园中大部分建筑皆依水而建，花草树木也临水而植，并且园中各种要素都依山就势、宛自天开，与造园者清安休逸的胸次相符。

（2）问名晓意 面水轩——取自唐代杜甫《怀锦水居止》诗句"万里桥南宅，百花潭北庄。层轩皆面水，老树饱经霜"。四面厅形式，落地长窗为墙。

观鱼处——为凸向河面且三面临水的方亭，取庄惠濠梁问答和庄子濮水钓鱼之意。

闲吟亭——取自"千朵莲花三尺水，一弯明月半亭风"对联。

明道堂——原名寒光堂，取苏舜钦《沧浪亭记》中"形骸既适则神不烦，观听无邪则道以明"之意而改名为"明道堂"。这句话的意思是说：身体一旦舒适，心神就能安宁；所见所闻不涉邪事，就能悟得真理。

瑶华境界——为韩世忠所建梅亭之额，原意当咏白梅，喻之如瑶华。瑶华，本为传说中的仙花，色白似玉，花香，服食可致长寿，为仙界之人所食。此为借称，景色已经改变。此屋北对明道堂，南有丛竹掩映，原为园主会客之所。题额美丽脱俗，催发人们的浪漫情思，虽与景点不甚相合，但于质朴素雅的院落之外，仿佛又另辟仙苑幻境，倒也别有情味。

看山楼——取虞集"有客归谋酒，无言卧看山"诗意而名。

翠玲珑（竹亭）——取苏舜钦"秋色入林红黯淡，日光穿竹翠玲珑"诗意而名。

仰止亭——取《诗经·小雅·车辖》"高山仰止，景行行止"句意而名。

清香馆（桂亭）——取李商隐《和友人戏赠》"殷勤莫使清香透，牢合金鱼锁桂丛"诗意而名。

御碑亭——康熙御笔题写，诗碑两侧有对联"膏雨足时农户喜，县花明处长官清"。

4. 布局

沧浪池

沧浪亭最初的山水格局由孙承祐确立，即对湿地积水的自然条件加以利用，"积土为山，因以潴水""积水弥数十亩，傍有小山，高下曲折，与水相萦带"。不断挖土浚池填山、拓展水面，逐步以此营造出其后园内的景观中心。苏舜钦则在已有"草树郁然，崇阜广水"的山水格局下，一方面，面对当时沧浪水分支众多、自然却稍欠组织的态势加以梳理，在兼顾舟船通达性的同时，亦保留了沧浪水形态自然的优势；另一方面，延续了将沧浪池作为园内景观核心的构思，并进一步"构亭北碕"。至此，沧浪亭成为园林的画龙点睛之笔。

沧浪亭平面图

总体而言，沧浪亭从北至南，可分为三个区域，即北部沧浪池、中部真山林、南部建筑群。沧浪池是苏州古典园林"水在园外、以水为邻"的造景典范。绝大多数苏州古典园林均以围墙为界，将围墙以内的园中之水当作创作主体。而沧浪亭反其道而行，借高墙之外的古河葑溪之水为园增色。因有园外一湾河水，沧浪亭在面向河池一侧不建园墙，而设有漏窗的复廊。长廊曲折，敞一面，封一面，间以漏窗，空间封而不绝、隔而不断。外部水面开朗的景色破壁入园，使沧浪亭园内的空间顿觉开朗扩大，可见造园家独具匠心。人游廊内，扇扇花窗，步移景换，动静结合，处处有情，面面生意，既是法，又是理。溪流两岸叠石，毫无堆凿痕迹，古趣盎然，沿岸杨柳拂水，桃花芬芳，既起到固土作用，又表现出山的自然，古栏曲折。隔河南望，廊阁起伏，轩榭临池，古村郁然，波光倒影，引人入胜。园墙和漏窗隐约透出园中景色，隔水迎入，格外幽静，给人以身在园外，似已入园的感觉。漏窗敞露外向，使沧浪亭形成与封闭的私家园林迥然不同的特点，为此园的独特之处。

沿岸景色

真山林几乎占据了沧浪亭前半部的整个游览区，却无庞大迫塞之感，是苏州园林山景中的精品。真山林多土少石，这种土代石的方式，既方便种树，又节省人力，环山脚下垒石护坡，沿斜坡修建道路，山体石土浑然一体，混假山于真山之中，真假难辨，极具天然委曲之妙，足见宋元时期筑山之巧。山体东段为宋代所遗，运用黄石垒砌，山间小道，曲折高下，溪谷蜿蜒，石板作桥，愈显幽壑高峻，质朴成趣。山体西段为后人所补，杂用湖石补缀，玲珑巧透，但繁多芜杂。山体西南盘道蜿蜒，岩壁陡峭，山下有一潭，宛如深渊。虽只是一潭，但清澈的水充满了活力，流淌出山的生机，映射出山的玲珑，彰显了山的气势。临潭巨石上镌刻俞秘篆书"流玉"二字，点出了水的气象，可谓生花妙笔。一曲溪流经山涧流出，水碧若玉，汇流于湍潭之下，溪涧与潭水形成高崖深渊、山高水深之景。山上奇石巧立，石径幽迥；古树参差多态，老根纠结牢固，似与石比坚；碧树滔滔，茂林深篁，藤蔓挂树，落英纷飞，卉草丛生，形成野趣盎然之象。山之东北，筑石亭曰"沧浪亭"，点出全园主题，为画龙点睛之笔。

潭水

沧浪亭

南部建筑群约占全园用地面积的一半，以轴为序，形成三组建筑，建筑以折廊连接。东侧两个无名建筑形成一轴，庭院式布局，朴实有序。中间瑶华境界和明道堂夹一庭形成序列，瑶华境界原为园主会客之所，南有丛竹掩映。院落质朴素雅，视野开阔，明道堂为砖木结构开敞四舍，宏伟庄严，为园中主厅，旧为会文讲学之所，现作为宗教活动场所。西侧五百名贤祠紧邻清香馆形成一轴，祠内壁上为清代名家顾汀舟所刻嵌的与苏州历史有关的人物平雕石像。清香馆前有一漏窗，院内桂花幽香。建筑群中除瑶华境界、清香馆、翠玲珑以植物景观著称的亭馆外，还有其后加建供文人讲学的明道堂、五百名贤祠、看山楼、仰止亭、御碑亭等，并通过折廊连接，形成变化多端、层级丰富的建筑格局。

南部建筑群

5. 理微

（1）游廊　沧浪亭的廊迁曲延伸，不仅是理想的观景路线，又是连接山林池潭、亭堂轩馆等各主要风景点的纽带。通过游廊的漏窗观赏园内山林池沼、亭堂轩榭时，所见之景不是静止的画面，而是动态之景，若隐若现、变化万千、巧妙精致。利用粉墙窗框将空间的明暗、开闭、左右等变化相结合，形成变化多端、层次分明的园林空间。有一曲复廊在主景山与水池之间，是园中别具一格的建筑。这种在双面空廊的中间夹一道墙的走廊，又称"里外廊"。廊的跨度较大，因为廊内分成两条走道。廊中间的墙上开有形式多样的漏窗，可以从廊的一边看到廊的另一边景色，形成不同的园林空间。它妙在借景，将园内的山和园外的水通过复廊相互引入，使廊内外成为一个整体。沧浪亭的复廊北临水溪，南傍假山，既形成南北两种不同的园景，又利用漏窗沟通园内外的山水建筑，园内园外，既露又藏，使山林池沼、亭轩廊榭相互呼应，成为一体。正如园林专家陈从周先生所言"妙手得之"，"不著一字，尽得风流"。复廊北半廊以看水色为主，南半

游廊

廊以赏山景为主，廊内的敞轩和花窗使园内的山林水流相互衬托、融为一体，廊北景物借南侧阳光更显明亮，两侧观景感受更丰富。园内回廊蜿蜒曲折、轻巧幽深，不仅具有交通等功能，而且具有美学价值，廊和漏窗相结合，使虚实结合、耐人寻味。

（2）漏窗　漏窗，俗称花墙头、花墙洞、花窗，是一种装饰性透空窗，是园林景观建筑艺术中一种重要的处理技术。计成在《园冶》一书中把它称为漏砖墙或漏明墙，"凡有观眺处筑斯，似避外隐内之义"。漏窗多位于长廊和半通透的庭院的内部隔墙上。透过漏窗，景区既藏又露，似隐还现，天光云影，树影斑驳，随着游人脚步的移动，景色也随之变化，平直的墙面有了它，便增添了无尽的活力和变化。沧浪亭廊壁仅在假山四周就有近六十式之多，传共有一百零八式图案花纹，无一雷同，构作精巧，变化丰富，透过漏窗，水影斑驳变换，将园内外连为一体，仿佛园外的沧浪之水是园中之物，借景效果极为显著。

（3）植物配置　沧浪亭的植物布置综合运用了孤植、对植、丛植、群植等多种手法。立于山巅的沧浪亭，其东南部孤植有一棵百年银杏，营造古朴之境。在入口大门处运用对植的手法形成呼应，强化入口空间，也是对此标志意义的恰当表达与呼应。竹林，作为整个园林的基底，也是古意的传承，多采用群植的手法。真山林，则综合运用群植和丛植手法形成自然的山林野趣，不致使山林有虚假之感。

（四）实习作业

①抄录苏舜钦《沧浪亭记》原文三遍，并将"文字"转化为"图示"。
②手绘沧浪亭的廊空间体系及周边景物（以五人为一小组形式进行实测，每人交一份）。
③实测沧浪亭嫩戗发戗翼角构造，并用 Sketch Up 软件建模。

（五）思考题

①梳理沧浪亭两宋时期—元明时期—清代的历史变迁。
②总结两宋时期的沧浪亭与清代宋荦重建时的沧浪亭构景手法的差异。
③思考沧浪亭临水建筑和空间的处理方式。

（编写人：李静波）

沧浪池

沿岸景色

六、环秀山庄

（一）背景介绍

环秀山庄位于苏州市金门内景德路中段，面积约 2 173 m²（约 3.26 亩）。1988 年成为国家重点文物保护单位，1997 年收入《世界遗产名录》。园内以池山为中心，池中湖石假山为清代掇山大师戈裕良遗作，是湖石掇山典范。刘敦桢先生认为"苏州湖石假山当推此为第一"。陈从周先生也说："环秀山庄假山，允称上选，叠山之法具备。造园者不见此山，正如学诗者未见李、杜，诚占我国园林史上重要一页。"孟兆祯先生更是将其誉为"中国湖石假山之最"。

环秀山庄究其沿革，可追溯至五代，广陵王钱元璙镇守苏州，好林圃，其第三子钱文恽购得景德寺故址建金谷园。至北宋庆历年间，为苏州州学教授朱长文（字伯原）祖母吴夫人购得。朱长文之父光禄卿朱公倬在先前基础上向西扩大，面积约 2 hm²（30 亩），时号"朱光禄园"，朱长文进一步营建，取孔子曰"乐天知命"之意，园名"乐圃"。南宋改学道书院，再为兵备道署。元代属张适，明宣德年间杜琼得之。明万历年间归申时行，构适适园，中有宝纶堂、赐闲堂、鉴曲亭、招隐榭诸胜。至明末清初，申时行之孙申勖庵扩建此园，取名"蘧园"，后修建来青阁，名满苏州。清乾隆年间，刑部蒋楫购得此园，于厅东建求自五楼，以为书楼，楼后叠石为山，掘地三尺，发现古井，溢清泉，故泛泉为池，取苏轼《试院煎茶》诗中字题为"飞雪泉"。后尚书毕沅购得此园，又加以改建，作为养老之所，更名"适园"。毕沅殁后，由杭州孙士毅购得此园，其孙孙均于嘉庆十二年（1807）前后请叠山大师戈裕良在书厅前叠山一座。此后宅院屡易其主。道光二十九年（1849），工部郎中汪藻、吏部主事汪坤购得此园，建汪氏宗祠、耕荫义庄，重修东花园，园名"颐园"，时称汪园，园内建堂名"环秀山庄"，环秀山庄之名用于整个园中，沿用至今。

太平天国庚申年（1860）之役，园颇有损毁。光绪二十四年（1898），汪秉斋重加修缮，建边楼和有榖堂庭院，汪西溪在边楼圆洞上题为"颐园"。其后，久经驻军，接着又屡易园主。近1949 年时，仅假山、补秋山房尚存，其余建筑全部颓毁，山庄东部成为空地。1956 年在东部空地上建立刺绣研究所，环秀山庄和王鏊祠堂俱归该所使用。1963 年，环秀山庄被公布为市级文物保护单位。1970 年所占工厂在水池以南新建二层混凝土厂房，拆去了部分山石；水池南部有一株白玉兰，胸径半米，花繁叶茂，为全市之冠，也被砍去，毁坏之严重，名园面目大变。自1984 年 6 月 1 日起，对环秀山庄进行全面整修，1985 年 10 月竣工。

（二）实习目的

①了解以山池为中心的布局手法。
②初步认识湖石假山构成单元。

（三）实习内容

1. 明旨

环秀，群山环绕，于城市中居山林。

2. 相地

五代广陵王钱元璙第三子钱文恽购得苏州景德寺故址建金谷园，此地为金谷园旧址，于城市中建园。

3. 立意

环秀，周边环绕群山之意，乃山川意象。全园山体分为两部分：主山踞东部，以东北起势，西南部叠湖石，为峰峦峭壁，整个主山气势连绵，浑然一体，占景区大部分空间；西北为客山，紧贴西北墙角，临水做石壁，与东山对峙。两山之间形成深谷之势，溪水依山顺谷流出。园子是以深山大壑、峡谷河流为主要意象原型。

主山

4. 布局

（1）依意营园　环秀山庄前堂名"有谷"，南向前后点石，翼以两廊及对照轩。二进为环秀山庄四面厅，厅北向，直面池山。水萦如带，一亭浮水，一亭枕山。西贯长廊，尽处有楼，楼外另叠小山，循山径登楼，可俯视全园。飞雪泉在其下，补秋舫则横卧北端。

四面厅

主山位于园之东部，其西飞雪泉石壁，作为次山。东西两山之间形成大壑，池水流出，若峡谷河流，回环主山之前。东北部山麓起坡，诸石散点，被围墙截断，有墙外山峦不尽之意。池西北隅问泉亭架于水面，正对飞雪泉。入山以三曲紫藤桥跨水，悬崖迎面，沿崖道可弯入谷中，小涧自谷流过，横贯崖谷。途经石洞，洞内石室可憩息，石洞外通崖壁，采光自然。踏步石过小涧，沿磴道上山，幽谷森严，荫翳蔽日，仅以方寸之地作多层空间。又经石桥横跨，对景飞雪石壁，到达山巅至主峰。穿过石洞，翻于山后，可见一亭背枕于山，即"半潭秋水一房山"，取自唐代李洞《山居喜友人见访》诗"看待诗人无别物，半潭秋水一房山"。山蹊渐低，峰石参错，补秋舫在焉，其上对联"云树远涵青，偏教十二阑凭，波平如镜；山窗浓叠翠，恰受两三人坐，屋小于舟"，山间小舟悠悠荡出。东西二门额曰"凝青""摇碧"。

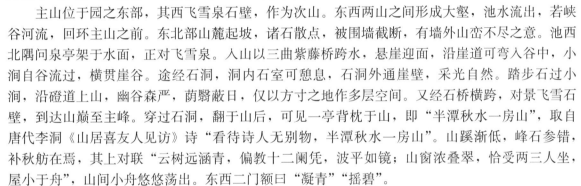

紫藤桥

假山以有限面积（园占地面积约 0.16 hm²，假山占地面积约 0.033 hm²）造无限空间。"溪水因山成曲折，山蹊随地作低平。"以假山为真山，做假成真。假山外视危崖，布以崖道，仅隔一壁，中藏洞屋，别有洞天。山间横贯涧流，仅此一涧，即被予以充分利用，以步石、磴道、飞梁、石桥，回环宛转，组成重层游览线，空间繁复，千岩万壑，方位莫测。仰则青天一线，俯则清流几曲，几疑身在万山中。

（2）立象取言　每一座园子工程的竣工，都只是空间形象的完成，即"立象"，而后还需要额题楹联等点景点题，点出园主人（本文指能主之人）之本意，就像大观园里的试才题对额，如同两道必不可少的程序。如此而后，才能称这座园子真正完工。在这里，"象"可以指整座园林，可以指某处景点，也可以指某座建筑，甚至铺地的纹样。"言"不单指额题楹联，可以扩大为相关园记诗词等。

环秀山庄园内的匾额题名主要有：环秀山庄、问泉亭、半潭秋水一房山、补秋舫等。问泉亭建于飞雪泉边，浮于水上，意在点景飞雪泉，强调人与泉的互动。半潭秋水一房山是建在主山之后的山亭，题名是对全园山水格局的概括，仍是以小总大，体象宇宙之意。补秋舫为四柱三间卷棚硬山结构，下砌条石石基，是一个临水水榭。以榭为舫，"言""象"各行其是，彼此相离。很显然，建筑本身的功能和形式在此不起决定作用，但匾额的内容并非随意，而是园主人在园中感悟到的"踽踽焉、洋洋焉"，天壤之间无可替代之乐，即园主人的造园之"意"。综观全园，其实并无突兀抵触之感：建筑跟随院内整体布局，形式和位置与四面厅相对应，单体尺度与山体大小相匹配；题名跟随园林之"意"，命名为"舫"，颇有"望梅"之用，虽无舫之形，却有

半潭秋水
一房山

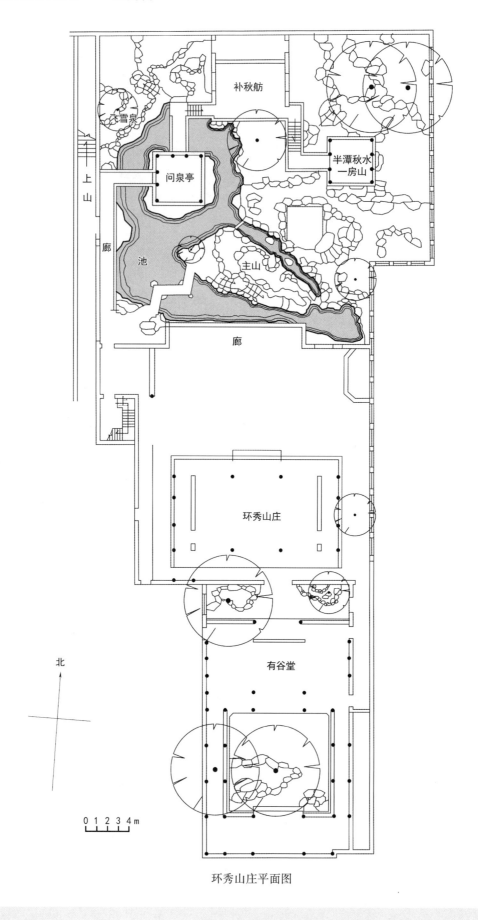

补秋舫

水雪泉

半潭秋水
一房山

问泉亭

上山

廊

池

主山

廊

环秀山庄

有谷堂

北

0 1 2 3 4 m

环秀山庄平面图

舟行水上之意，群山环绕，山谷溪涧之中，一舟飘然，言与意通。这使人不禁想起补秋舫的另一个题名补秋山房，虽与建筑形象更为贴合，意境却显浅狭。当"补秋山房"作为建筑单体形式与空间环境相协调，但意的表现不足时，"补秋舫"适时出现以弥补这一缺憾。在古典园林中与此相类似的情况有很多，如《横山草堂记》中记载："再进有半阁，曰'藏山舫'，两崖相夹，如泊富春山下，境最幽绝者"，此处是以阁为舫。《游勺园记》中记载："南有屋，形亦如舫，曰'太乙叶'，盖周遭皆白莲花也"，为了达"意"已经忽略其建筑形式，将舫完全写意为一"叶"，功能此时已居次要。

补秋舫

"言"与"象"互为解说，互为引导，时而相合，时而相离。正是它们之间的非完全对应性，给予其意境营造留出巨大的创作空间，成就了明清古典文人园林的诗情画意。

5. 理微

（1）假山技艺　环秀山庄假山"技艺趋于工巧，能以自然山水景观中的峰峦洞壑加以概括、提炼，以较少的石料，堆叠出洞体硕大的假山"。环秀山庄假山"在明末山石错搭的基础上，发展为以大石为骨，小石镶补，强调勾缝拼结，形成大小不同的小洞和涡纹，在技艺上达到最高峰。能将数十块山石拼掇成峰，造型雄健生动，技法娴熟"。叠石之法，以大块竖石为骨，用斧劈法出之，刚健矫挺，以挑、吊、压、叠、拼、挂、嵌、镶为辅；计成所谓"等分平衡法"，至此扩大之。洞顶用钩带法。叠石既定，骨架确立，以小石掇补，正如画家大胆落墨，小心收拾，卷云自如，皴自风生，悉付画本，其笔意兼宋元山水画之长。

假山技艺

《履园丛话》卷二十《艺能·堆假山》："近时有戈裕良者，常州人，其堆法尤胜于诸家，如仪征之朴园、如皋之文园、江宁之五松园、虎丘之一谢园，又孙古云家书厅前山子一座，皆其手笔。尝论狮子林石洞皆界以条石，不算名手，余诘之曰：'不用条石，易于倾颓，奈何？'戈曰：'只将大小石钩带联络，如造环桥法，可以千年不坏。要如真山洞壑一般，然后方称能事。'余始服其言。"不用条石横梁，只用石头本身钩带联络，需要极高超的叠山技艺。戈裕良为清中晚期最杰出的造园叠山艺术家，与他同时期的文学家、思想家洪亮吉认为戈裕良与张南垣一样为叠山圣手、造园名家："张南垣与戈东郭，移尽天空片片云"，又称赞其叠山"一峰出水离奇甚，疑是仙人劫外山"。"一峰出水"即指我们所见的环秀山庄假山池中理山、主峰突起、拔地峥嵘的掇山形式。

（2）植物配置　环秀山庄四面厅厅北以鸡爪槭（青枫）对植，夏日绿荫如盖，苍翠欲滴，秋时醉红撼枝。山池东面，以高墙为界，三四株老朴，遮云蔽日，形成一道绿色屏障，隔断红尘喧嚣，山林之气油然而生。断崖处有黑松虬枝偃盖，假山驳岸处，薜荔、何首乌等野生藤萝，时断时续，垂挂水际。补秋舫前旧时植芍药，春末花开如锦。

（四）实习作业

①测绘园区平面图，体会环秀山庄山池布局。
②假山速写二幅。

（五）思考题

①分析环秀山庄的掇山与理水是如何结合的。
②分析环秀山庄主体假山形态的基本构成单元。

（编写人：阴帅可）

补秋舫

四面厅

紫藤桥

假山崖顶

半潭秋水一房山

主山

七、虎丘

（一）背景介绍

"虎丘山，又名海涌山。在郡西北五里，遥望平田，中一小丘。"虎丘位于苏州古城西北、距阊门3.5 km的郊外，海拔30余米，被誉为"吴中第一名胜"。虎丘自春秋时期起，历代皆有遗迹留存，有"大吴胜壤""江左丘壑之表"等赞誉。因其自然风光和人文景致，已纳入国家首批5A级景区、江苏省风景名胜区，山塘河历史文化街区与云岩寺塔录入《世界遗产名录》。据明清时期虎丘的方志记载，虎丘东起山塘桥，西至西郭桥，南达野芳浜，北抵长荡，现景区范围以环山河内为主，向南延伸至山塘河南的照墙，向北延伸至312国道南侧，较明清时期的地方志所划定的范围更小，核心景区面积28.29万 m²。

虎丘至苏州建城，一直活跃于吴地文化中。历经了先秦六朝、隋唐宋、元明清、民国等朝代，其园景的更迭、空间范围的扩大、属性的转变、内涵的不断丰富构成了虎丘千年来的沧桑变化。

先秦时期，吴王阖闾身葬海涌山，这里山形俊秀、决胜华峰、植被茂密，被称为历代帝王陵寝的首选之地。六朝以后，随着自然山水审美意识的萌芽，玄学和宗教盛行，催生了寺观园林的勃兴。

隋唐时期，佛教鼎盛，也开启了虎丘发展兴盛的新阶段。到两宋时期，虎丘逐渐形成并保留现今的依山而建的格局。

再至元明清时期，山寺独立，面貌一新。元末明初，荒于战乱。朱明时期，虎丘兴废频繁，逐渐成为明代文人隐处的聚集地。至清初，虎丘受帝王青睐，另建行宫，多有修缮，颇具皇家色彩。清末又经战乱，虎丘台榭，荡然无存。由盛到衰，偶有小范围的营建活动，如拥翠山庄，为近代虎丘平添了一抹新色。到民国时期，虎丘历经几度沧桑，正如《虎丘新志序》中所载："蔓草荒烟，湮不可考。"

直至1949年后，虎丘受到国务院重视，其中虎丘塔、二山门等主要建筑被列为全国文物保护单位，开展了抢修虎丘塔的工作，并逐步开始大规模地对失修、破损的建筑、石刻、匾联进行维修、保护和复原。重修花雨亭、小吴轩等，整修小武当、百步趋、十八折、冷香阁等，重建了通幽轩、玉兰山房、千顷云阁、五贤堂等，新建了放鹤亭、涌泉亭、万景山庄、分翠亭、揽月榭等。

《明代苏州园林史》认为虎丘在明代成为寺院、园林、山林密集融合的一个庞大园林群体，并形成了开放式公共园林的风貌。亦如《说园》中所述："今在真山面前堆假山，小题大做，弄巧成拙，足下见之，亦当扼腕太息，徒呼负负也。"

沈周《虎丘图册》所画的是吴中地区的十二处胜景：虎丘山、玄墓山、虎山桥、南峰、横塘、光福山、天池山、贺九岭、上方山、觉海寺、姑苏台、莲花峰。

（二）实习目的

①学习利用自然地形营造山水台地园的造景手法。
②学习"寺包山"格局的园林布局理法。
③学习传统园林艺术的借景、框景、对景、障景等处理手法。

④学习泉石造景理景艺术。

（三）实习内容

1. 明旨

虎丘山有着"前山美、后山幽"的说法，古时多有"塔从林外出，山向寺中藏""出城先见塔，入寺始登山"等诗句来描绘虎丘景色。后山脚下清清河水环绕，河中水菱浮面、河旁古木参天，大量的古树名木，如樟、杉、柏、松、银杏、玉兰长势茂盛。掩映在丛林中有分翠亭、玉兰山房、揽月榭等景点。"平坐游览遍天下，游之不厌惟虎丘"，就是人们对虎丘山最美好的赞叹。虎丘核心区内的空间布局在两宋时期就得以基本确立，宋元两朝的建筑立意大多以景物本身、植物、名贤、禅意等为主。现在的虎丘与明清鼎盛时期的已无法媲美，但其寺庙园林以及公共园林的属性依然不改，见贤思齐的文化意象也得到有效保留，其文化意象也是更为积极创新。

2. 相地

虎丘又称海涌山。东晋时司徒王珣及其弟司空王珉各自在此建别墅，后双双舍宅为寺，名虎丘山寺，分为东寺、西寺。唐代时改称武丘报恩寺，宋代为云岩禅寺，清代为虎阜禅寺。虎丘占地虽仅 20 hm² （300 余亩），山高仅 30 多米，但如《吴地记》所言："山绝崖纵壑，茂林深篁，为江左丘壑之表。"宋代朱长文的《虎丘山有三绝》描写虎丘："望山之形，不越岗陵，而登之者，风见层峰峭壁，势足千仞，一绝也；近邻郛郭，蠹起原隰，旁无连续，万景都会，四边穹窿，北垣海虞，震泽沧州，云气出没，廊然四顾，指掌千里，二绝也；剑池泓淳，彻海浸云，不盈不虚，终古湛湛，三绝也。"明代李流芳更写道："虎丘，宜月，宜雪，宜雨，宜烟，宜春晓，宜夏，宜秋爽，宜落木，宜夕阳，无所不宜。"因此，虎丘素以"吴中第一名胜"而著称。

3. 布局

剑池

按照王珣《虎丘序》中"山大势，四面周岭，南则是山迳，两面壁立，交林上合，蹊路下通，升降窈窕，亦不卒至"的描绘可知虎丘以清旷的自然景色——南麓山径、山石、树木等构成舒朗的布局。虎丘环山河内为主景区，按前山、山顶、后山、山麓分为四大游览分区。以二山门至千人坐周围诸景及云岩寺塔等构成虎丘核心景观区，主要景点有二山门、拥翠山庄、冷香阁、第三泉、千人坐、剑池、千顷云、御碑亭等。东面为养鹤涧、万景山庄，后山有小武当、玉兰山房、书台松影，现景区西北角新建一榭园（忆啸园）。

二仙亭

核心区呈轴线式空间布局结构，以南北向的进香道为主要轴线，至山巅处，轴线由南北改为东西，在有限的山巅高地布置殿庭和塔院，其中虎丘塔更是高耸于山顶，成为控制全园的主体建筑，形成"山门—千人坐—剑池—寺院建筑—佛塔"的前山游览体系。各景点布置在其沿线及周边，园林空间收放有度，过了海涌桥，经过狭窄的登山道至千人坐，空间由窄变旷，使游人精神为之一振，景观也由甬道尽端的对景转而成为宽幅面的画卷。过千人坐，经五十三参磴道，过大殿，或取道幽深的剑池，过双井桥西行，拾级而北上，又入开阔的塔院，又是一放。空间的不断变化，丰富了景观效果，增添了游览兴致。

虎丘的理景采用"因借增减""宜旷宜奥""塑造意境"等手法。南朝（陈）张正见诗《从永阳王游虎丘山》中"远看银台竦，洞塔耀山庄"所描绘的山顶佛塔，山下凿取水井（今憨憨泉），生公将山间大石（今千人坐）作为讲经场地等，都是与佛寺日常生活息息相关的理景；山中修花台、植桂花、种柏树、修竹林等，则是为了满足公众自然欣赏的园林化理景。

"山贵有脉，水贵有源，脉理贯通，全园生动""溪水因山成曲折，山蹊随地作低平"。虎丘建造在山水林泉之中，山水之理顺应自然，一脉泉水从铁华岩底的岩缝间汩汩而出，汇成一潭清波，注满剑池，淌过千人石，流入白莲池，最后直奔养鹤涧。整个山水呈现"有高有凹，有曲有深，有峻而悬，有平而坦，自成天然之趣"。

4. 理微

虎丘的造园艺术围绕核心区的建筑、植物、泉石等方面展开，其中变化最丰富的是建筑空间。

（1）建筑　民国时期《吴县志》卷十九《舆地考山》一篇较为详细地记录了清末时期虎丘当时的状况，相关原文如下："又山中旧有点头石、可中亭、悟石轩、五圣台、大吴轩、平远堂、梅花楼、仰苏楼、陈公楼、雪浪轩、月驾轩、海晏亭、乐康亭、玉兰房、三泉亭、妙喜看经室、藏经阁、梁双殿、花雨亭、望海楼、竹亭、小竹林、宋御书阁、水陆堂，今皆无存。又白云堂、东岭草堂……皆已莫详其处。唯小吴轩、石观音殿尚存……"明清之际盛极一时的玉兰山房、大吴轩、仰苏楼等皆已不存，而白云堂、回仙径等又不知其处，虎丘众多的建筑中仅有静观斋、小吴轩、万岁楼等尚存。

①东寺（今万景山庄）。六朝时期的虎丘有文献记载的建筑较少，大多对虎丘景物的描写是整个海涌山的景致，由此可推断虎丘的空间布局十分松散，且建筑密度很低。"珣宅在白华里，别馆在虎丘，与弟珉夹石洞东西以居，以为寺"，王氏兄弟曾在虎丘置下别业后舍宅建寺，推动了虎丘寺庙园林进程。《虎邱山志》又载："东山庙在虎邱山门东，岭上祀晋司徒王珣名短簿祠。又立西山庙于西，祠珣弟子空珉，今居民祀为土神"，推断短簿祠即王珣旧宅，在东山浜，虎丘东南冈上；西丘寺为王珉旧宅，临近现西溪一带。东寺位于虎丘山脚东南侧，近东山浜。"下马空林问庙扉"可见东寺居于山脚一带的疏林处，且背倚海涌峰，面南。今万景山庄在此旧址的基础上建成，当时的虎丘南侧还没通山塘河，但从中唐白居易南山塘河工事也可推断出虎丘南部地势低平。

②西寺（西庵禅院）。西寺旧为王珉宅园，《吴郡图经续记》载："在虎丘西。旧属云岩寺，后为别院。古西寺地也。"唐代诗人张祜在《题虎丘寺》中有云："轻棹驻回流，门登西虎丘。"由此可推测西寺临水，位于西溪与十八折间。

③二山门（梁双殿）。二山门旧称梁双殿。古时位于大殿前，且是两个小殿相对，双殿与佛殿形成中轴对称格局，加强了宗教的肃穆气氛。元代黄溍《虎丘云岩禅寺兴造记》中写有"重纪后至元之四年……山之前为重门，则改建，使一新"，证明了二山门为寺僧普明于元代所重建。断梁殿位于上山道的入口处，近憨憨泉与梅花楼，在此可仰望山顶的云岩寺，形成中轴线。

④虎丘塔（云岩寺塔）。虎丘塔始建于五代钱氏吴越国时期，后成于北宋时期，今存砖构佛塔，居虎丘山顶。《虎丘云岩寺记》："若乃层轩翼飞，上出云霓；华殿山屹，旁磕星日。景物清晖，寮宇岑寂。"虎丘塔与大佛殿、山门形成中轴线，且山中植被茂密，登塔可远望山塘之景。自南宋至晚清，虎丘塔遭遇了七次火灾，明代时期，云岩禅寺历经大火，直到永乐年间才又重新修葺该塔。《虎丘新志》有关虎丘塔记载有："寺屡毁于火，而塔无恙。"可见虽然几经风雨，但云岩禅寺作为千年古寺，仍为人们所崇信惦念，故而每次在罹难后又能重归往昔风采。

虎丘塔

⑤冷香阁。冷香阁建于民国七年（1918），位于石观音殿南，拥翠山庄之北，阁外墙壁嵌冷香阁三字。建阁缘由是当时国学大师金松岑来虎丘踏春寻梅不得，后在拥翠山庄小憩时见北侧高地，决定在此处"思种梅三百，建阁于其上"。冷香阁上下两层，面阔五楹，东南西三面皆有连廊，阁之周围遍植梅花，故而取名"冷香阁"。此后又陆续浚第三泉、修石观音殿，建申时行祠、陆钟琦祠等。

真娘墓

山顶景观

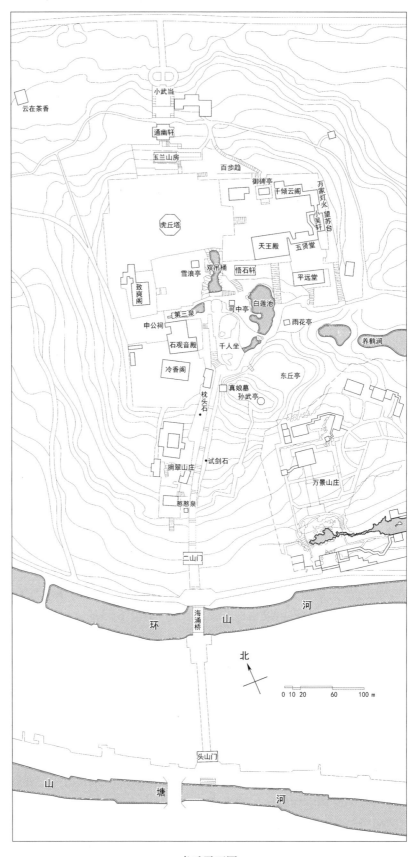

虎丘平面图

（2）植物配置　据张种的《与沈炯书》"珍木灵草，茂琼枝与碧叶"和沈炯的《答张种书》"冬桂夏柏，长萝修竹"及历代文人游记和方志所载，虎丘一带植被繁茂，且有奇花异卉，其中桂、柏、竹早在六朝时期的文献中就有记录。同时因为虎丘主要作为寺观园林存在，其中松、柏、修竹必不可少，从明清的一些古画中可以看到这三种植物。根据有关建筑的文献记载，也知元代虎丘梅花楼附近种植大片的梅花以供观赏，以及虎丘西溪一带植小竹林等。植物与泉石等景点多由自发形成或是与名贤有关，如冷香阁、万松堂、竹亭等局部空间就是以植物为主题的。

《吴郡志》记："虎丘寺古杉，在殿前。晋王珉所植，形状甚怪，不可图画。"李白在《建丑月十五日虎丘山夜宴序》提道："笑向碧潭，与松石道旧""松阴依依，状若留客""视竹帛如草芥"，王蒙《游虎丘山诗序》提道："北眺山陂，有奇松千株"，另据谢时臣的《虎丘图卷》，可以看出虎丘塔的周围树木疏朗，多为青松，寺塔隐于山间。由此可知在唐代时期，虎丘以松竹为主，"松篁总翠，烟岚异色"，符合其寺庙园林植物种植的特点。

除寺庙园林植物外，还有隐居此地的文人所种的竹、梅等，如蟾影山房周围植翠竹，且飞禽往来频繁，是一处安贫乐道的佳地。由白居易的《武丘寺路》"芰荷生欲遍，桃李种仍新"反映出山塘至虎丘一带的湖堤烟景，从元末明初的诗人杨基的《春风行》"去年骢马虎丘前，醉折樱桃随步辇"可推断此处还种植了桃等果树作物。

虎丘可考的植物有松、竹、梅、银杏、玉兰、桂、梧桐、柏、柳、荷花、桃等，以松、竹、梅最多。20世纪90年代以来，虎丘景区广植花木2万多株，春花、夏荫、秋果、冬翠，四时佳景清丽可人，千古名山生机益然。

（3）泉石　山中见试剑石、点头石、憨憨泉、白莲池、虎跑泉、陆羽井等，千人坐旁有花雨亭、剑池上有廊桥，山顶为小吴轩、致爽阁、陈公楼、佛寺建筑等，具有极高的园林艺术水准。

虎丘因殉葬诸多宝剑，故而又称剑池，史传阖闾墓在虎丘剑池下。据汉代赵晔所撰的《吴越春秋》记载："阖闾葬于国西北虎丘。穿土为山，积壤为丘……铜椁三重，濒水为池，池广六十步。"其中剑池为狭长的南北向，从现在所得的数据可知长约32 m，最宽处约3 m，估出其面积近100 m²。

点头石

另据《吴地记》所记："池傍有石，可坐千人，号千人石。"千人石即为千人坐，其位置北通剑池，南接上山道。为一整块平坦大石，广数亩，自北向南倾斜，上无一草，面积千余平方米。明代沈周《夜登千人石有序》云："一山有此座，胜处无胜此"，说明虎丘的一些重大活动会在千人坐上举行。

第三泉

白莲池位于千人坐的东北处，东为路堤相阻，是一方面积约250 m²的小型池沼。据王宾《虎丘志》所载："在生公讲台左，周百三十步，巉石而出，而中有矶。"相传当年生公在此地说法，池内生千叶莲花，因此得名。池呈不规则圆形，池内植白莲，西北处是陡峭的巉岩，南通养鹤涧，池西有一石矶。

剑池、千人坐为两处核心景点，传说颜真卿于此处书"虎丘剑池"，李阳冰于千人坐书"生公讲台"并作石刻，上山道旁置有真娘墓。位于上山道中路东侧的试剑石，是一椭圆形大石，长约2 m，宽1.4 m左右，石中间有一条自上而下垂直的裂痕，相传是吴王试剑劈石所致。试剑石、虎跑泉、点头石、白莲池等，配合建筑主景成为景点组合，使得原有的意境氛围得以延续和加深，如试剑石旁镌刻元代顾瑛《试剑石》诗；第三泉、石枕、二仙亭等是借典问名；望苏台、养鹤涧等则是与山地地形结合的佳作。另有附会的新景，如陆羽井、憨憨泉等，为虎丘累加了不同时代的山水审美特征。

石枕

（4）其他园庭　虎丘中的园中园——拥翠山庄，利用虎丘天然山势，自南向北逐步增高，根据地势高低可分为三层台地，今已辟为四层，各个台地间又凭借园内建筑连为整体，形成苏州园林一处匠心独运的台地园。

据《拥翠山庄记》所载："光绪甲申春，朱君修廷陟丘访焉，丘之人无知者。属怡贤亲王祠僧云闲大索，获于试剑石右，井干无毁，巨石戴其上，汲而饮，甘冽逾中泠。时洪君文卿、彭君南屏、文君小坡同游，皆大喜踊跃，谋所以旌之，匄众，众诺，集金钱若千万，于泉旁笼隙地亘短垣，逐地势高偃，错屋十余楹，面泉曰'抱瓮轩'，磴而上曰'问泉亭'，最上曰'灵澜精舍'，又东曰'送青簃'，而总其目于垣之楣，曰'拥翠山庄'。"

由记文中"面泉曰'抱瓮轩'"可知抱瓮轩距憨憨泉最近，且位于第一层台地。"磴而上曰'问泉亭'"明确指出问泉亭在抱瓮轩之上，往上行进可达，为第二层台地上的建筑。"最上曰'灵澜精舍'，又东曰'送青簃'"，可见当时的灵澜精舍与送青簃同属于第三层台地，送青簃偏东。民国时期在山庄北侧又新建冷香阁，从《虎丘新志》中可知，冷香阁距离灵澜精舍较近，且"由冷香阁南门，而入拥翠山庄，先抵灵澜精舍……""舍（灵澜精舍）之东，旧为送青簃，今供陈恪勤公神像于内"。现拥翠山庄共开辟四层台地，最后一层为送青簃。

（四）实习作业

①测绘千人坐、白莲池及其周边环境。
②测绘拥翠山庄平面图，并绘制剖面图反映竖向变化（1∶200）。
③速写2～3幅。

（五）思考题

①思考虎丘自然之趣的设计特征。
②分析虎丘拥翠山庄地形、建筑布局的空间艺术。

（编写人：杨　麟）

第三泉

虎丘塔

剑池

八、耦园

（一）背景介绍

耦园位于苏州古城东隅的仓街小新桥巷，东临内城河，南为小新桥巷，西近仓街，北抵小柳枝巷河道。现耦园东西长约 110 m，南北进深约 80 m，占地面积约 0.78 hm²，基本保持了沈秉成所建时期的私园布局，其"一宅两园式"整体布局不同于苏州大多园林"前宅后院式"，为现存苏州古典园林中的孤例。

清雍正年间，四川保宁知府陆锦在此建造涉园，园名源于陶渊明《归去来兮辞》中的诗句"园日涉以成趣"。道光年间，园为书法家郭凤梁赁居，每年上巳，仿兰亭修禊故事，招集名流饮酒赋诗，极一时之盛。其后园主更迭，至咸丰十年（1860）毁于兵燹，唯黄石假山尚存。同治十三年（1874），欲辞官隐退的苏松太道道台沈秉成购涉园旧址，请画家顾沄在此基址上扩地营构，扩建西花园，形成现住宅居中、东西花园相呼应的格局，并更名为耦园。

（二）实习目的

①体会"耦"的造园立意与布局手法。
②理解耦园三面环水的地理位置特征及音借的意境。

（三）实习内容

1. 明旨

沈秉成（1823—1895），字仲复，号听蕉，自名老鹤。官至安徽巡抚，任两江总督、各地按察使等职，后因进谏罢官，于光绪二年（1876）引疾携妻严永华偕隐耦园。沈秉成于耦园落成时诗曰："不隐山林隐朝市，草堂开傍阓闬城。支窗独树春光锁，环砌微波晚涨生。疏傅辞官非避世，阆仙学佛敢忘情。卜邻恰喜平泉近，问字车常载酒迎。"严永华即和韵："小歇才辞黄歇浦，得官不到锦官城。旧家亭馆花先发，清梦池塘草自生。绕膝双丁添乐事，齐眉一室结吟情。永春广下春长在，应见蕉阴老鹤迎。"可见，耦园是沈、严夫妇隐居闲逸、叠相唱和之所。

2. 相地

耦园是基于涉园的修复和扩建。原涉园三面临流，水源丰富，故在涉园内凿池，引流入园。沈秉成购得涉园后，基本保持了原西园"杂卉乔木，惨淡萧疏"的朴素野趣之感。此外，沈秉成崇道，精通周易，加之携妻归隐，便请著名画家顾沄在涉园基础上扩建西园，同样引流聚水，形成与东园相呼应的基本格局。

3. 立意

（1）构园立意 归隐与眷恋是此园的两大立意，而这两大立意皆凝聚到了"耦"字上。耦园隐匿于姑苏城东北隅，三面环水，橹声袅袅，只有一小径连通外界，少了车马行人活动的喧闹，加上植物自然栽植的隐隔，清幽宁静可见一斑。从河道西望耦园，除北侧两座建筑突出于带有联排花窗的园墙之上，其他都隐退于园墙之后，完整地表现了园主仕途不顺、辞官归隐后"负解临流，宜于皆隐"的造园立意。

沈秉成素来爱藏书和诗文，其夫人严永华诗词绘画造诣颇高，才子佳人，夫唱妇随，实为佳偶。古人称两人并肩耕种为"耦"，后引申为佳偶、夫妻之意，故易名为"耦园"，寓夫妇双双避世偕隐、啸吟终老之意。园东花园廊亭内砖刻"耦园住佳偶，城曲筑诗城"的诗句便是此立意的体现。

（2）问名晓意　城曲草堂——堂名取李贺《石城晓》"女牛渡天河，柳烟满城曲"诗意，寄托了园主夫妇向往城边草堂清苦日子的大隐志向。

山水间

山水间——阁如其名，水面之上正对黄石，高山流水，弹琴赏月，反映欧阳修"醉翁之意不在酒，在乎山水之间也"的悠闲情调。

听橹楼——临内城河道而建，白昼人静，夜晚风清，憩息楼上，暗合陆游"参差邻舫一时发，卧听满江柔橹声"之意境。

织帘老屋——出自史书中记载的"南朝齐沈士，少好学，家贫，织帘诵书，口手不息，隐居不仕，不与人物通"的故事，以表达沈秉成夫妇大隐于市，对织帘劳作、躬耕读书的理想隐居生活的向往。

双照楼——小楼三面置窗，因日月光照皆可入楼，故名。

载酒堂——堂名取宋代戴复古"东园载酒西园醉"诗意，极富田园生活气息。

樨廊、筠廊——东西映射的回廊。樨为桂花，筠为春竹，一芬芳，一高洁，以音辨之，一为"xi"，一为"jun"，谐音"妻"与"君"。

4. 布局

耦园分为三部分，从西往东依次为西花园、中部住宅、东花园。耦园主人正宅居中，中轴线东、西两侧各有一花园与中部相通，取诗句"东园载酒西园醉"之意，旨在表现饮酒作对的归隐生活。全园整体布局清晰，东西两园内部设计相似，皆以一山、一水、一中心建筑组成。西园是以藏书楼建筑群为主，湖石假山为衬的书斋庭院；东园是以黄石假山为主，读书楼建筑群为辅的泉石胜景，樨廊和筠廊连接着花园内各个景区，将园内风景贯通一气。

城曲草堂

东园为涉园故址，面积约 0.27 hm²（4 亩），布局以山池为中心，主体建筑城曲草堂是一组重檐楼厅，坐北朝南，曲廊环抱，取唐代李贺诗句"女牛渡天河，柳烟满城曲"而得名，是旧日园主欢宴聚会的地方。楼厅内置三处小院，花石点缀，重楼复道。城曲草堂东南角突出，为还砚斋，旧时园主之"眺砚"，因失而复得名之。其上为双照楼，旧为书楼，取自王僧儒"道之所贵，空有兼忘；行之可贵，其假双照"，有隐居学道之意。双照楼下临清池，凭栏而望，倒映池中，

月洞门

楼厅前隔以宽敞石坪，黄石假山气势雄伟，山林葱郁。东侧有筠廊，连接临水建筑望月亭以及黄石山坡上的吾爱亭。西侧有樨廊，廊畔桂树成丛，接储香馆，转南通舟形小筑藤花舫。再至无俗韵轩，自成院落，花木扶疏，峰石散置。轩东半亭，额名"枕波双隐"，并有"耦园住佳偶，城曲筑诗城"楹联，南向为入园月洞门，上有砖额"耦园"。园中心为黄石假山，自成一体，堆叠自然。假山东侧凿水池一泓，名为受月池，南北狭长。北接临水望月亭后连接城曲草堂东侧，南

听橹楼

通临水小亭吾爱亭。池水自假山向东伸展，上架曲桥如虹，取名宛虹。池南端有阁跨水而建，称山水间，至此可隐约地与城曲草堂隔山而望，丰富了由楼到山、再至阁的空间层次。内有"岁寒三友"落地罩，雕刻精美。山水间隔黄石假山，与城曲草堂南北相对，组成以山为主体的主要景区。山水间之南为一楼一阁，以廊相接。听橹楼位于园之东南角，与双照楼南北相望，下临内城河，昔日摇橹船只穿梭其间，从江面传来的橹声悠扬而颇有节奏，听橹楼有音借之意境。楼北有山坡石径，栽植花木，自成一个幽僻的小景区。

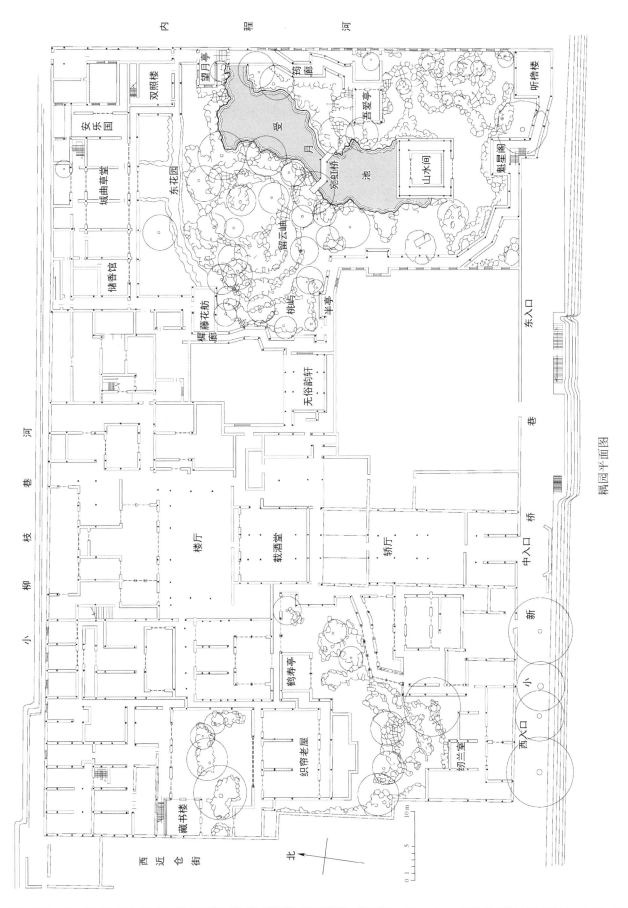

耦园平面图

内　　程　　河

双照楼
安乐国
城曲草堂
储香馆
东花园
榉藤花舫
桃屿
留云岫
宛虹桥
半亭
望月亭
受月池
筠廊
吾爱亭
山水间
魁星阁
听橹楼
东入口
无俗韵轩
小　柳　枝　巷　河
楼厅
载酒堂
中入口
桥
巷
轿厅
新
小
西入口
鹤寿亭
织帘老屋
纫兰室
藏书楼
西近仓街
北

10 m
5
1

耦园中间正宅院是四进三门楼的院落，属宅园主人居住之处。院落由门厅、轿厅、大厅（载酒堂）和楼厅形成纵深序列。前三进皆为三开间的厅堂和庭院，其中轿厅中匾额题"城市山林"四字，两侧楹联"逍遥于城市而外，仿佛乎山水之间"。载酒堂前的门楼额题"诗酒联欢"，楼厅两侧布局有厢房，辅以单层建筑为主的小庭院。第四进楼厅建筑面积明显增大，是耦园主厅，为主人宴请宾客之所。楼厅五开间，且东西各建侧楼，组合成"凹"字形建筑平面，厅前院落较大。

藏书楼

西园规模不大，以书斋为中心分隔成前、后两个小院，院落空间形态内敛。南部的院子平面随假山进退变化而呈不规则形状，以单面回廊穿插其间，并配以花木、湖石，并在西南角构筑假山一座，看似无奇却显得幽雅清秀。书斋称织帘老屋，有对联"织帘高士传家法，卜筑平泉负令名"，建筑尺度较小，前设宽敞的月台。书斋后又有一院，较前院体量小，且形态方正，以置石布局为主。隔山石树木建藏书楼一座，书斋、藏书楼与庭院形成紧密且和谐的空间关系。

综观耦园，生活空间简约、实用，建筑精致却没有任何多余的奢华，淡雅的草堂反映出主人追求隐居的平静心态。以小见大，写意抒情并重，环水重楼，廊、榭、轩、亭蜿蜒相续，曲折幽深，园景秀丽中又透出归隐之情，尤以吾爱亭寓意隐归乡里男耕女织之情，园主夫妇登山涉水，互为知音，共赋"高山流水"之曲。

5. 理微

（1）掇山理水 耦园理景重在两山一水，即东园黄石假山、受月池和西园湖石假山。

东园黄石假山位置恰当，居于中心，可于藤花舫、无俗韵轩、山水间、吾爱亭、望月亭、城曲草堂等几乎所有建筑中观赏。黄石假山与园中唯一水池受月池相连，受月池取名自李商隐"池光不受月，野气欲沉山"诗句。东园水景营构的部分颇为用心，既筑廊以供回环观赏，又有高轩可俯览平眺，更引水入园，汇积池水，打通园内、外之水流，使水长活且有源。池上架以三折宛虹桥，曲桥甚高，比喻彩虹，更显山高水远。

宛虹桥

西园以太湖石堆叠假山，叠石技艺高超，虽空间较小，但山间植有花木，纯朴自然，轮廓完整，给人以平远山水的意境。湖石假山多空穴，与东园刚毅硬朗的黄石假山形成鲜明对比。此外，西园义井与东园受月池几乎对称构建，但在体量上有较为明显的差别，形成鲜明的"东池西井"之对比。

（2）假山技艺 城曲草堂前的黄石假山堆叠技艺精湛，有山径石室，分主山"留云岫"和次山"桃屿"。假山由东、西两部分组成，东半部较大，自厅前石径可通山上东侧的平台和西侧的石室。平台之东，山势增高，转为绝壁直削而下，临于水池。绝壁东南角设磴道，依势降及池边，此处叠石气势雄伟，是全山最精彩的部分。假山西半部较小，自东而西逐级降低，边缘止于小客厅的右壁。东西两部分假山之间辟有谷道，宽仅1 m余，两侧削壁如悬崖，形似峡谷，故称"邃谷"。自池东小亭隔岸远眺，更显得山势陡峭挺拔。山上不建亭阁，峰顶有"留云岫"，巧取古乐章"留云借月"之意。假山堆叠简洁明快，假山体型较大，雄浑峻峭、古老挺拔，运用了"峰立为竖"的叠山手法，取竖向岩层结构堆叠成耸直峰体，构筑参差错落的竖向意趣，有近观断崖、远视如山的艺术效果。山虽不高、无奇，但石径、谷道和绝壁形成了曲折、起伏及突变的气势。叠石手法追求自然，石块大小相间、虚实得体，横、直、斜互相错综，犹如黄石自然剥裂的纹理。

黄石假山
植景

（3）植物配置 耦园正宅轿厅、大厅前的天井内有白玉兰、桂花相配，东西两园则各具特色。西园老树荫浓，葱翠入画；屋后则有牡丹花台二座，花时繁香艳态，秀色可餐。

东园又名"小郁林"，黄石假山四周以花灌木为主，散植了山茶、绣球、紫藤、蜡梅、菲白竹、女贞、桂花等，常绿与落叶植物，花灌木与小乔木、藤本攀缘植物相配，构成了一幅植物群落图。山顶、山后疏植山茶、紫薇、黄杨等花木，山顶上以大乔木如黑松、圆柏等为主，碧绿似盖，山壁间悬葛垂萝攀缘其上，夏秋之间幽静清雅。绝壁处斜出冠盖于受月池上，与壁缝间所生长的悬葛垂萝交相映衬，更增添了山林的自然气息。

受月池沿岸散植松、榆、朴、银杏等大乔木，着重造型姿态，两岸密植秀竹、阵风摇翠、高风亮节，在江南园林中为一大特色。曲桥飞架池上，池中水清似镜，黄、白、粉、红睡莲比艳竞放。曲廊上的漏窗镶嵌着不同图案，通过漏窗平视有步移景换之妙、一步一景之美。

东南角听橹楼北以土坡为底、以黄石为边筑花台，培土其内，花台略呈台阶状，台内修竹茂密，高下成林，更有粉墙边的老树相映，整个景区显得清新活泼。樨廊南院落植四时花木，点衬若干湖石小峰，颇显田园之美；廊西无俗韵轩庭前丛桂森森，足可忘暑。

漏窗

（四）实习作业

①分四个小组测绘耦园东、西庭院平面图（东园分三部分）。
②选取空间变化或层级较多的地方完成速写 2～3 幅。

（五）思考题

①总结耦园立意与空间布局之间的关系。
②分析东西园掇山理水的尺度对空间和视觉感受的影响。

（编写人：张婧雅）

山水间 裴鸿菲摄影

听橹楼 裴鸿菲摄影

藏书楼 高洁摄影

九、退思园

（一）背景介绍

退思园是清晚期宅园。清光绪十一年（1885）任职安徽凤阳、颖川、六合、泗州地区兵备道的任兰生，因被罢官，退居乡里，大兴土木，营造宅园，取《左传》中"进思尽忠，退思补过"之意，名退思园。参与擘画建园的是同里人袁龙。

任兰生（1837—1888），字畹香，号南云，同里人。清咸丰八年（1858）入皖军。因镇压捻军获功，于光绪三年（1877）任安徽凤颖六泗兵备道。在任期间曾募银10万余两赈济河南灾民11万人，修凤阳城池、驿道驿舍，还请江浙蚕户教授当地农民育蚕缫丝。光绪八年（1882）任安徽按察使，建仓积谷以备饥荒。光绪十一年遭弹劾罢官，经张曜、曾国荃保奏以及凤颖六泗士绅联名上书，于光绪十三年（1887）复职。同年，黄河决堤，任兰生积极救灾保民，卒于任上。

袁龙（1820—1902），字怡孙，自谓"隐君子"。陈去病《五石脂》述及袁龙称其"淡泊宁静，悠然物外，尤有遗民之风。所居复斋别墅，亭馆幽静，花木扶疏，闻皆先生躬操锯凿为之，故极得真趣。"

（二）实习目的

①了解以水池为中心、四周建筑围合的园林布局手法。
②认识园林建筑的丰富性。

（三）实习内容

1. 明旨

园主人罢官后，退居乡里，营造宅园作颐养之所。

2. 相地

退思园位于江苏吴江同里古镇东溪街，距苏州古城18 km，属于城市宅园。

宅园占地面积近6 530 m²（9.8亩）。住宅部分以建筑庭院为主，园林在住宅东侧，占地面积约2 500 m²。

3. 立意

（1）构园立意　园名"退思园"，"退思"出自《左传·宣公十二年》"林父之事君也，进思尽忠，退思补过，社稷之卫也，若之何杀之？"园主人任兰生遭人弹劾罢官离京，建退思园以归养，有"退思补过"之意，实则是向朝廷表明反省以及知错即改之心，希望能够继续尽忠朝廷。古人多有以"退思"命名者，如宋代鲁宗道的"退思岩"，吴琚的"退思堂"。

（2）问名晓意　闹红一舸——出自南宋姜夔《念奴娇·闹红一舸》："水且涸，荷叶出地寻丈，因列坐其下。上不见日，清风徐来，绿云自动。间于疏处窥见游人画船，亦一乐也。"

眠云亭——喻山居，山中多云，故以此喻之。唐代陆龟蒙《和张广文贲旅泊吴门次韵》："茅峰曾醮斗，笠泽久眠云。"唐代刘禹锡《西山兰若试茶歌》："欲知花乳清泠味，须是眠云跂石人。"

眠云亭

4. 布局

吴江同里镇，江南水乡之著者，镇环四流，户户相望，家家临河，因水成街，因水成市，因水成园。任氏住宅原来西临河道，水路相通，门前有照壁和码头。退思园西为宅，中为庭，东为园。内宅精美而富有特色，以庭院为中心构南北两楼，各六开间，为居住部分。中庭部分又称迎宾院，院花坛之东的洞门为退思园入口，进洞门绕楅廊为挑临水面的水香榭，到此豁然开朗。全园以池为中心，湖石驳岸，低平曲折，环池亭台楼阁，假山花木，皆面水、临水、依水、俯水、贴水，水乡气息弥漫全园。园中主厅退思草堂位居水池北岸，堂前平台低栏，三面临水，贴近水面。堂西侧曲廊绕池接西北角的揽胜阁，登阁可一览全园胜景。经楼阁沿池循廊连水香榭。草堂东北，水湾小屋为优雅的琴房，面对山水求知音。水池之东，湖石假山岧峣（亭实为两层，外包湖石，外观似山上之亭），取唐代刘禹锡《西山兰若试茶歌》诗句"欲知花乳清泠味，须是眠云跂石人"之意，与退隐之意相照。山亭与水榭相对，古木藤萝映衬，成为全园山水主景。由草堂东南过曲桥，沿山径，穿山洞，盘磴道而至眠云亭，可俯视贴水之景。池之南部为一组较少见的轩楼建筑，东南濒水的是菰雨生凉小轩，轩挂对联"种竹养鱼安乐法，读书织布吉祥声"，为归耕田园、休闲养生之意。轩旁堆假山连天桥楼廊与辛台小楼相通。辛台为读书之所，建筑前后峰石花木，高低参差，前后相衬。辛台西南有桂花厅庭院，木樨清香，宽敞清静。水池西南闹红一舸斜出水面，使平静的水面充满动态和生趣。舸后九曲长廊，依水而行，蜿蜒曲折与水香榭相连。九曲长廊花窗图案精美，写有"清风明月不需一钱买"，既富哲理，又充满诗情画意。

内宅

水香榭

退思草堂

园南部
建筑组群

5. 理微

眺望景色

陈从周先生在《说园 四》中写道："任氏退思园于江南园林中独辟蹊径，具贴水园之特例。山、亭、馆、廊、轩、榭等皆紧贴水面，园如浮水上。"并与网师园相比较，"其与苏州网师园诸景依水而筑者，予人以不同景观，前者贴水，后者依水。所谓依水者，因假山与建筑物等皆环水而筑，唯与水之关系尚有高下远近之别，遂成贴水园与依水园两种格局。"故而，退思园建筑"贴水"乃该园之显著特色。清风自引，气候凉爽，绿云摇曳，荷香轻溢。

退思园中庭庭院，北为坐春望月楼，南侧是岁寒居和迎宾室，楼之南部有下房五间，全院以回廊相连。院内依西墙建小斋三间，山面开门，取船舫前舱、中舱、后舱之外形，建造船厅一座，造型别致，小巧玲珑，坐在厅内似在船中，又称旱船。面对船厅，湖石花坛中玉兰、香樟、朴树等百年古树，古朴苍翠，充满生气。

退思园植物意境丰富。比如"菰雨生凉"之菰，其秆基嫩茎为真菌寄生后，粗大肥嫩，即为日常食用之茭白。取自宋代姜夔《念奴娇·闹红一舸》词"翠叶吹凉，玉容销酒，更洒菰蒲雨"，以芦苇菰蒲之意铺陈园主人心中之凄凉。池水中种植有荷花、睡莲。钱太初于《敬题退思园之两绝》中写道："陂陀曲径尽亭台，灼灼芙蕖映水开"，以示退思园水面荷花点缀之重。植物布置本身也暗符园主人退而思过、安静辽远的心态。

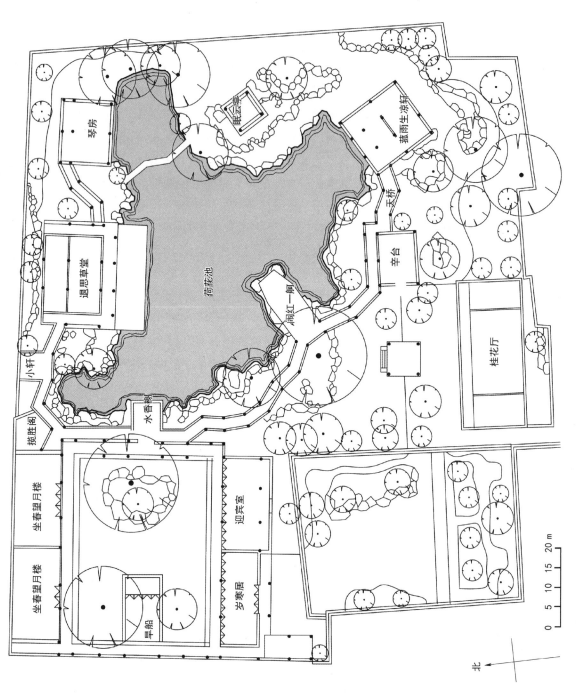

退思园平面图

琴房

眠云亭

抓雨生凉轩

天桥

退思草堂

荷花池

半台

闹红一舸

小轩

桂花厅

揽胜阁

水香榭

坐春望月楼

坐春望月楼

坐春望月楼

迎宾室

旱船

岁寒居

北

0 5 10 15 20 m

（四）实习作业

①测绘退思园园区平面图。
②选园中景色优美之处速写二幅。

（五）思考题

①思考并总结园内建筑的形式和尺度。
②分析退思园水体空间的视景艺术手法。

（编写人：阴帅可）

于揽胜阁眺望园内景色

退思园内宅

退思草堂

园南部建筑组群

第三节 苏州周边地区经典园林介绍

一、寄畅园

（一）背景介绍

寄畅园位于无锡市西郊东侧的惠山东麓，惠山横街的锡惠公园内，毗邻惠山寺。占地面积约 1 hm²，属于山麓别墅类型园林。元代原为佛寺的一部分。明正德年间（1506—1521），北宋著名词人秦观的后裔、弘治六年进士，曾任南京兵部尚书的秦金，购惠山寺僧舍沤寓房，并在原僧舍的基址上进行扩建，垒山凿池，移种花木，营建别墅，辟为园林，名"凤谷行窝"。后归其族侄秦瀚及其子江西布政使秦梁继承。秦瀚于嘉靖三十九年（1560）之夏，"葺园池于惠山之麓"，园名称"凤谷山庄"。秦梁卒后，园改属其侄都察院右副都御史、湖广巡抚秦耀所有。万历十九年（1591），秦耀因其师张居正被追论而解职归乡，回无锡后，因朝政失意，心情郁闷，所以就寄抑郁之情于山水之间，借王羲之"寄畅山水阴"诗意，改园名为"寄畅园"。清顺治末年至康熙初年，秦耀曾孙秦德藻加以改筑，延请当时的造园名家张涟（字南垣）和他的侄儿张钺精心布置，掇山理水、疏泉叠石，又引惠山的"天下第二泉"的泉水入园，园景益胜。康熙、乾隆两帝各六次南巡，均必到此园，为寄畅园的鼎盛期。辛末年（1751），乾隆首次南巡，指定寄畅园为巡幸之地，喜其幽致，携图以归，于北京清漪园万寿山东北麓仿建惠山园，即今颐和园中的谐趣园。咸丰、同治年间，寄畅园多数建筑毁于兵火，后稍作补葺。1952 年，秦氏后裔将私园献给国家，即进行保护性修复，又将原贞节祠纳入园中，即今秉礼堂一组小巧庭院。后陆续重修九狮图石，重建嘉树堂、梅亭、邻梵阁等。1988 年 1 月 13 日国务院公布为全国重点文物保护单位。1999—2000 年，经国家文物局批准，由锡惠名胜区对在太平天国战争期间毁坏的寄畅园东南部进行了修复，先后修复了凌虚阁、先月榭、卧云堂等建筑，恢复了其全盛时期的园林景观，使整个古园气机贯通、充满雅致。

（二）实习目的

①学习中国古典园林叠山、理水及处理溪涧的手法。
②学习中国古典园林中的借景手法。

（三）实习内容

1. 明旨

第四任园主秦耀因其师张居正被追论而解职归乡，所以就寄抑郁之情于山水之间，借王羲之"寄畅山水阴"诗意，改园名为"寄畅园"。园主人旨在修禊浮杯，将园林作为精神栖居的场所。

2. 相地

计成在《园冶》中提出"故凡造作，必先相地立基"，并提出了相地的原则为"妙于得体合宜"，相地的目的是"构园得体"。造园贵于选址，寄畅园能够取得较高的艺术成就，与其选址是分不开的。寄畅园西靠惠山，东南是锡山，东北面有新开河（惠山浜）连接于大运河（见寄畅园位置图）。地形起伏，背风向阳，内部有山有水，并有数百株粗逾合抱的乔木，正是《园冶》中所提倡的"园地惟山林最胜"的山林地。水有著名的"天下第二泉"为源，名"泉活水"，丰足长流。所以，寄畅园在选址上奠定了其质朴自然、清幽旷古的气质基础。

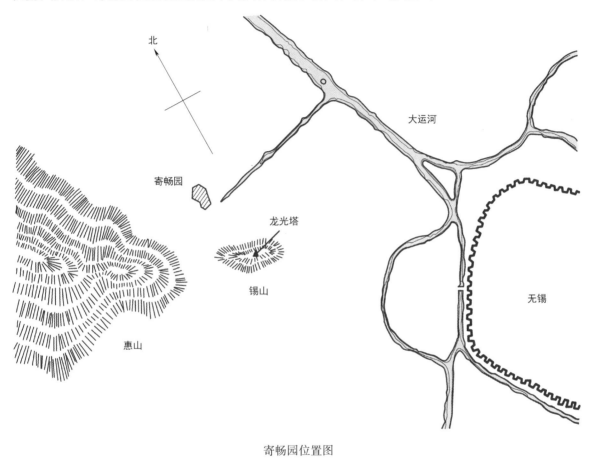

寄畅园位置图

3. 立意

（1）构园立意　寄畅园，初名为"凤谷行窝"，由明代南京兵部尚书秦金建造。秦金，号凤山，而园子又建在惠山的山谷里，因此"凤谷"包含人名、地名两层意思；"行窝"意在区别于皇帝的行宫，也表明这座别墅还处于草创阶段，以山林野趣为主。所谓"凤谷行窝"，就是指凤山先生建在惠山山谷中富有野趣的别墅园林。早期园中建筑很少，主要以山泉古木等自然景致取胜。明嘉靖三十九年（1560），第二任园主秦瀚仿效白居易《池上篇》中的描写进行改造，使园林初具规模。万历年间，第四任园主秦耀又进行了较大规模的扩建与改筑，并将园名正式改为寄畅园，取王羲之"取欢仁智乐，寄畅山水阴"诗句之意。秦耀的改筑奠定了今日寄畅园的规模和山水格局。园名取自王羲之的诗，山区引水入池的曲涧也效仿王羲之笔下的曲水流觞，媲美兰亭之水；山间的桃花洞取自陶渊明的《桃花源记》，书房含贞斋前的孤松，也是向陶渊明致敬；知鱼槛出自《庄子》的濠上之乐，卧云堂隐喻园主的东山之志，栖玄堂欲学扬雄闭门著书，箕踞室效仿王维独坐啸傲，清响斋取自孟浩然的诗，先月榭取自白居易的诗……几乎所有景致皆有出处，诠释了园主人的构园立意。

（2）问名晓意　含贞斋——读书处，四周多植古松，秦耀曾有"盘桓抚古松，千载怀渊明"之吟。

美人石

邻梵阁——阁下有池水一泓，即惠山寺阿耨水，惠山寺的全景也被凭借入园。

美人石——池东一湖石，倚墙而立，颇如婷婷美人，对镜理妆，妩媚有姿，故湖石名"美人石"，池名"镜池"。

锦汇漪——该水池位于寄畅园的中心，因其周围汇集着园内绚丽的锦绣景点而得名。寄畅园的景色，围绕着一泓池水而展开，山影、塔影、亭影、榭影、树影、花影、鸟影，尽汇池中。

郁盘亭——从唐代王维《辋川园图》中"岩岫盘郁，云水飞动"之句得名。传说乾隆召惠山寺僧人至此下棋，和尚棋艺非凡，杀得乾隆手足无措，僧人当即虚晃一枪，把棋让给乾隆。乾隆虽胜，自知望尘莫及，心中郁郁不乐，便下旨将此亭改名"郁盘"。

知鱼槛——槛名出自《庄子·秋水》"安知我不知鱼之乐"之句。园主人在诗中写道："槛外秋水足，策策复堂堂。焉知我非鱼，此乐思蒙庄。"

七星桥——由七块黄石板直铺而成，平卧波面，几与水平，乾隆曾吟有"一桥飞架琉璃上"之句。

嘉树堂——古屋三间，堂旁有嘉木。

八音洞——涓涓流水，则巧引二泉水伏流入园，经曲潭轻泻，顿生"金、石、丝、竹、匏、土、革、木"八音。

九狮台——置有若干狮形湖石，而整座假山又构成一头巨大的雄狮，俯伏于青翠欲滴的绿树丛中。

4. 布局

南入口

寄畅园的总体布局依托"西靠惠山，东南是锡山"这个优越的自然条件，西、北接惠山余脉，以假山树木为主；东部以水池为中心，相互映衬。大门正对着惠山寺的香花桥，其门匾为乾隆皇帝亲笔所题。穿过门厅后，是一个大天井，尽头一间敞厅，四壁挂满了名家字画。从敞厅左转，又是一组造型别致的庭院。西侧一个小天井、一株老藤、一段曲廊，颇富江南园林的风味。

锦汇漪和知鱼槛

东部的水池锦汇漪，广仅三亩，南北狭长，波光潋滟，形成园中开朗明净的空间。池中有一座九脊飞檐的方亭，名"知鱼槛"，游人可倚栏观赏鱼藻。池的周围山石嶙峋，建筑林立，各种景物点缀配置。在水池的北段，七星桥、廊桥将池水分成两个具有不同情趣的小水面，显得深邃不尽、幽深无限，令人难以猜测水流的去向。七星桥平卧水面，倒影如画。西部的假山，是叠山大师张南垣与张钺的杰出代表作品。假山怪石嶙峋，与水池的比例相称，又同池中倒影相映成趣。假山间为山涧，引惠山泉水入园，西高东低，茂林在上，清泉下流，水流宛转跌宕，淙淙有声，犹如八音齐奏，取名为"悬淙涧"，又名"三叠泉""八音涧"。涧道盘曲，林壑幽深，是江南园林中的独具之景。除此之外，沿池还建有郁盘亭、知鱼槛、清响月洞、涵碧亭等建筑，丰富的园景令水面显得分外开阔。寄畅园的东南角还有一方池水，旁侧耸立着一座太湖石峰，丈余高，这就是有名的美人石，其造型尤为栩栩如生。园的面积虽不大，但近以惠山为背景，远以东南方锡山龙光塔为借景，空间感、秩序感极为强烈。所以，寄畅园在借景、选址上都相当成功，手法简洁而效果丰富。

七星桥

《园冶》所谓："因借无由，触情俱是。"寄畅园借惠山山景，是通过假山的过渡，正面明显地将惠山引揽入园。对邻近的锡山，却又采取了不同的手法。设计者仅在园林布局上留出适当的

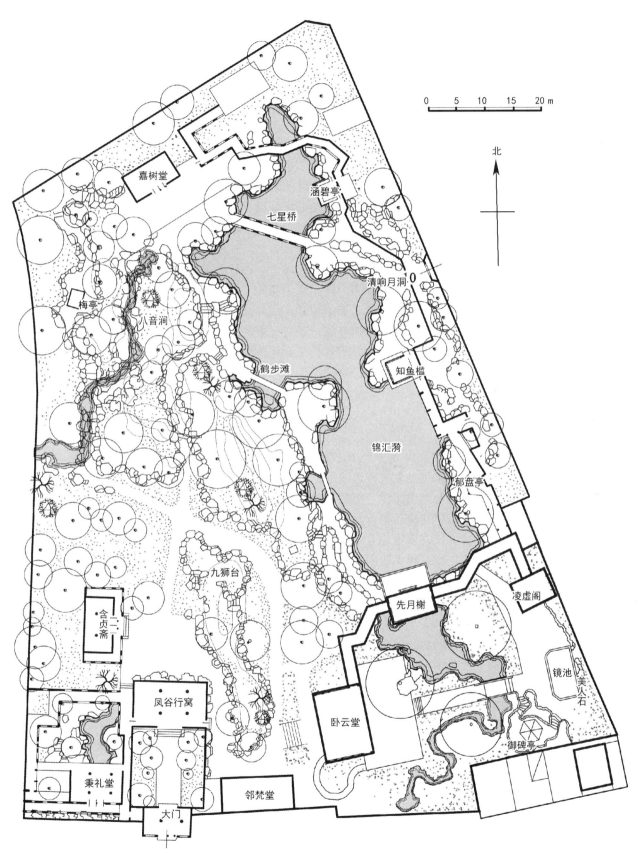

嘉树堂

涵碧亭

七星桥

清响月洞

梅亭

八音洞

知鱼槛

鹤步滩

锦汇漪

郁盘亭

含贞斋

凌虚阁

九狮台

先月榭

镜池

美人石

凤谷行窝

卧云堂

秉礼堂

御碑亭

邻梵堂

大门

0 5 10 15 20 m

北

寄畅园平面图

借景

观瞻位置，利用了树梢檐角，透露一抹秀峰，在隐约含蓄之中，将锡山塔影构入园景，锡山山色在顾盼之间，悄然可见。寄畅园凤谷行窝厅堂两侧通道门处，日可见龙光塔高耸云霄，夜可观惠山九峰之月。借景手法的运用不仅考虑到构图上的需要，更发挥了意境的烘托作用。寄畅园的景色，主要是围绕着锦汇漪而展开的，山影、云影、塔影、亭影、榭影、树影、花影、鸟影，尽汇池中。从池北的嘉树堂向东看，可见"山池塔影"，将锡山龙光塔借入园中，空间层次丰富，使之成为中国古典园林借景的典范之作。

综上所述，寄畅园在因借周围自然山水的处理手法上，达到了内外合一的境界。设计者是小做内部文章而大做外部文章，做内部文章既是为了创造内部观瞻之景，又是为了增饰外围风景。设计者能着力于组织外围风景，提炼自然山水，将惠峰、二泉掌握在手，须呈现处则峰峦连绵，须隐蔽处则依稀难见，须流泻处则潺潺而鸣，须低伏处则呜咽而逝。所谓"隐蔽""低伏"，又是欲扬先抑，是反衬"呈现""流泻"的对比处理。这种以内引外、因外实内、内外风景环环相套的布置，是寄畅园借景的独到之处。

除借景有独到之处外，在园林布局以及细部处理上，设计者着重于山水屋树的各尽其宜，园林整体的和谐协调，达到山为水峙、水为山映、亭为花掩、树为泉漱的程度。所有山水泉石、竹木亭榭，不以一景见长，不以局部为奇，而是相辅相成，相互借资，得自然之意。而且进一步由内部出发，构结外景，使得内外空间渗透交流，远近风景统一扣连。这主要是因为设计者能将山石泉池、建筑植物等园林要素掌握自如，而且长于利用地形，巧于结合外景。对全园布局，宜山宜水、宜亭宜榭、疏密掩露，胸中成法。全园包孕着千变万化的山水画面，又体现了此园苍凉廓落、古朴清旷的独特风格。

5. 理微

九狮台

（1）掇山　寄畅园池西假山处于惠山之麓，与水池基本平行，前迎锡山晴峰，后延惠山远岫。在假山的造型上，模拟惠山九峰连绵逶迤之状，构成一幅九狮图，把假山当作惠山的余脉堆成平岗坂坡的形式，使其与惠山雄浑自然的气势相埒。假山平均高度为 3～5 m，构筑材料土多石少，石料全部采用黄石，与惠山的土质石理统一，有大斧劈皴、浑厚嶙峋之感。视觉感观上既与锡、惠两山融成一体，又与水池相互衬托、相互生色。

八音涧

假山以八音涧最为出奇制胜。假山内部的岩壑涧泉——八音涧，洞道盘曲，奇岩夹径，融曲涧、澄潭、飞瀑、流泉等诸般水景于一身，水声玲琮与岩壑共鸣，与山外开朗清旷的风景形成强烈对比，充分体现出《画筌》中"山本静，水流则动；石本顽，树活则灵"的原则。假山因八音涧的布置，增加了生动灵活之趣，堪称现存江南古典园林中叠山理水的杰出典范。

假山临池处有一片伸向池心的石矶——鹤步滩，与山麓水涯的曲折小径相连。石矶高出水面少许，如假山石脉，奔趋水中。临水一抹，远望似浮渚浅岛，介于半山半水之间。它的布置不仅使假山与水池结合得更加紧密，而且水石相错，意态清逸。

整个假山的堆叠，在不足 1 333 m²（2 亩）的面积中，具备了层叠的岗峦、幽深的岩壑、清浅的涧流，可以说是外呈浑厚苍劲之势，内具深邃幽奇之境，由于它在布局上与惠山九峰内外呼应、二泉水流血脉相承，使得游人游过寄畅园的假山后，浮想联翩，仿佛还有无尽的景色蕴藏在那连绵巍峨的九峰中，令人涉趣无尽。

（2）理水　寄畅园的水源自天下第二泉。二泉在惠山寺的西南，开凿于唐代，是惠山九龙十三泉中位置最高的一脉，其水质清洌，由唐代茶圣陆羽品评为天下第二。寄畅园从西、南二处引二泉水入园，西面一支引自二泉书院中的香积池，香积池上通金莲、承泽池，再上通二泉，经过八音涧后流入锦汇漪；南面一支引自惠山寺的日月池，其上通金莲池，进入镜池后也注入锦汇漪。"问渠哪得清如许，为有源头活水来"，有了这二支补给水源，使得寄畅园的一池碧水充足丰沛。二泉水进入园以后，通过各种设计手法，组成有聚有散、有静有动、有大有小、有声无声的各种水景。

寄畅园采用集中用水和分散用水相结合的方法，以聚为主，以分为辅，塑造了多变的水景。以园中最大的水面锦汇漪为例，它位于寄畅园的中心，因为汇集着园内绚丽的锦绣景色而得名。南北长逾 80 m，东西宽 20 m。造园者将这块狭长的水面进行了分割和收放处理，使它充满变化，形成园中开朗明净的空间。锦汇漪水面南北纵深，南端比较开阔，由此向北到池岸中部时，由伸入水面的知鱼槛及鹤步滩将水面收拢，把水面划分为两部分，若断若连。在水池的北段，七星桥、廊桥将池水分成两个具有不同情趣的小水面。七星桥是分隔锦汇漪空间的重要构筑物，也是横跨水面、贯通东西的要道。它不是江南水乡常见的拱桥，而是平桥，缩小了桥与水面的距离，表现出池水的满溢弥漫之感。七星桥后面的廊桥，又隐藏了锦汇漪水尾的去向，有断而未尽之意，让人产生无穷的想象。计成在《园冶》中说："疏水若为无尽，断处通桥"，此处正是采用构建廊桥的方法，达到深远无尽的意境。池的西岸，又有两处用条石划分水面，分出了两个大小悬殊的小水潭，以"小水澄泓"来烘托"大池一望浩渺"，使小者愈幽，大者更大，这是理水的对比原则。南北走向的锦汇漪经过多次分割和收放，通过大小对比和节奏变化，丰富了池水的层次，提升了池水的意趣。

锦汇漪水廊

如果说锦汇漪属于静态之水，那么八音涧就属于动态之水了，充满了流动之美、音响之趣。"非必丝与竹，山水有清音"，这是晋代诗人左思的写景之句，锦汇漪西岸假山群中的八音涧真实地反映了左思的名句，也集中体现了自然界幽谷溪涧中的声音美。八音涧原名为悬淙涧，又名三叠泉。总长 36 m，宽窄不等，高深一人。涧中石路迂回曲折，人行其间，上有茂林，下有清泉，别具清幽。明代著名的造园家张南垣及其侄儿张钺把二泉水通过园外暗渠引入涧内，使无声的泉水随涧道上下迂回，高低跌宕，忽狭如线，忽成小池，时左时右，时急时缓，时高时低，时隐时现，极尽变化之能事。水流在峡谷空间大小的变化中发出各种悦耳的音响，产生"金、石、丝、竹、匏、土、革、木"八音，大有"高山流水"之调。涧水出峡，又汇成小潭，最终汇入锦汇漪中。

（3）建筑　在主园中主体景观是山石和水体，建筑傍水依山而建，只占一小部分，形成了建筑与山石将水体环抱之势。

水池南北，有两组建筑群，衔接着山水两端。南端一组建筑群，由卧云堂、先月榭、凌虚阁等组成。庭院幽深，曲廊回环，它们和惠山寺殿宇毗连组合在一起，因而收到重楼叠宇、以少见多的效果。其中邻梵阁可以近聆惠山寺梵音，凌虚阁可以远眺惠山浜画桨，又是结合因借周围外景而设置的观赏立足处。秉礼堂等三座建筑物，鼎足而立。其间厅堂轩美，花木婆娑，景色宜人。

北端的一组建筑群，由嘉树堂等组成，位于水池顶端，所见水面恰是南北最长向，因而觉得特别深远。同时由于池右岗峦巨柯，池左曲廊亭榭，委婉峙立，池面受到它们的襟对挤夹，使实际长度不过 80 余米的水面，呈现出清波澹远之致。其中又因池心知鱼槛与鹤步滩枫杨老干，隔水相揖，加以七星桥横波垂影，形成了景观中的前后景，增加了风景层次，延伸了水面的透景线，更使水景显得幽邃不尽。由此向上引导视线，更可看到远处锡山塔影耸立在树梢檐角之间，这又是借远峰塔影极目旷望的手法。

嘉树堂

这两组建筑群的布置，在功能要求上，固然满足了园内起居游息和观赏山水等需求；且在风景构图上，则由于建筑物在山水两端夹峙封闭，起着弥补两端山水不足的作用，从而显得山无止境，水无尽意，山容水色，绵延不尽，这又是园林布局上迹断势连，形断意连，山水建筑气机相承的处理手法。

（4）植物配置　古木叠翠是寄畅园的一个重要特色，也是形成寄畅园清幽古朴之趣的重要因素。早在凤谷行窝时期，即有"多乔松古木"的记载。据道光二十六年（1846）的调查记载可知，当时寄畅园直径在 50 cm 的大树有 73 株，树种有榉树、朴树、柏树、香樟、山杨等，最粗的一株是山杨，即今之枫杨，直径达 1.68 m，可见园中古木之盛况。遗憾的是，1860 年洪杨起义，园中大树被砍伐殆尽。目前园中大树除少数香樟、榉树、朴树外，大都是近百年生长起来的，1949 年后补植了松树、柏树、枫香等。现在，全园花木品种有 80 余种，乔灌木 600 余株，继承了原来的自然式种植形式。厅堂前以对植、孤植配景；山岗按地势高下向背，种植乡土树林；地面覆盖箬竹、麦冬、常春藤、书带草等，不露一方黄土，并对园内古木加强了保护。

总之，寄畅园妙取自然，布局得当，体现了充满野趣、清幽古朴的园林风貌，具有浓郁的自然山林景色。园内登高可眺望惠山、锡山，重峦叠嶂，湖光塔影，达到了"虽由人作，宛自天开"的绝妙境界，是现存的江南古典园林中叠山理水的典范。并且，它以高超的借景，洗练的叠山、理水手法，创造出自然和谐、灵动飞扬的山林景色，寄托了主人的生活情趣和对自然人生的哲学思考。

（四）实习作业

①分析寄畅园的借景处理手法。
②实测八音涧的平面和剖面图。
③分析寄畅园的理水及水域空间的开合处理手法。

（五）思考题

①试述寄畅园在水景的处理上有哪些特点。
②比较寄畅园和谐趣园在空间布局上的异同点。

（编写人：裘鸿菲　杨　麟）

嘉树堂 陶欣摄影

锦汇漪和知鱼槛 陶欣摄影

二、个园

（一）背景介绍

个园，南临东关街，北对扬州盐阜东路，面积约 2.5 hm²，建于清嘉庆二十三年（1818），是扬州明清私家园林的典范，以假山堆叠佳绝而闻名。在 1992 年《人民日报》海外版中，将其与北京颐和园、承德避暑山庄、苏州拙政园并称为中国四大名园。

个园由两淮盐总黄至筠在明代寿芝园基础上改建而成。黄至筠喜竹，园内植竹，又取竹形，故名"个园"。《芜城怀旧录》评价个园："广袤都雅，甲于广陵。"咸丰三年（1853），黄氏家道衰落，个园在黄氏之后几经易主，被分割占据，清同治、光绪期间个园及其住宅部分被卖给李维之，民国初年陆续归军阀徐宝山、江都人朱柳桥所有。1949 年后，曾用作展览场所、剧院、宿舍等。1979 年，个园由园林部门管理，1982 年被列为省级文物保护单位对外开放，之后逐步进行修缮工作，包括增设一处园口，额名为"竹西佳处"，并在夏山和秋山上分别增建鹤亭和住秋阁。1988 年个园被评为全国重点文物保护单位。1997 年，按照现代公园形式复建了位于北部、占地面积 1.2 hm² 的万竹园。2002 年回收并修复南部住宅部分，至此个园基本恢复了前宅后园式的园林面貌。

（二）实习目的

①学习个园掇山叠石、分峰造景的设计手法。
②学习江南古典园林中空间与时间互融的意境营造手法。

（三）实习内容

1. 明旨

个园主人黄至筠的"筠"字本意为竹子的青皮，园中遍植翠竹，竹叶形如"个"字，正如袁枚"月映竹成千个字"的句意，遂命名"个园"。

2. 相地

个园大门南邻街市，为城市宅园。计成在《园冶》中说道："市井不可园也；如园之，必向幽偏可筑，邻虽近俗，门掩无哗。"个园采用前宅后园的营建方式，将园林布置在幽偏的住宅之后，南隔高楼，北属城郭，具有门掩无哗、闹中求静的相地旨趣。因此，清代刘凤诰在《个园记》中曾评价："不出户而壶天自春，尘马皆息"，这里的"壶天"指代空间，"自春"指代时间，在城市的小天地中经营山水，不出城郭，时间与空间交错，尘马皆息。

3. 立意

（1）构园立意　苏轼有诗："宁可食无肉，不可居无竹。无肉令人瘦，无竹令人俗"，以个园为名道出园主人黄至筠旨在营造风雅、隐逸的栖居之所。

（2）问名晓意　竹西佳处门——取自杜牧《题扬州禅智寺》"谁知竹西路，歌吹是扬州"。

润碧门——进门润物无声，青草碧色。

丛书楼——藏书之楼。

透风漏月厅——面朝冬山而筑，环境清冷幽静，赏花邀月之处。

觅句廊——苦苦寻觅诗句之场所。

清漪亭——临水而建，清风拂面，涟漪乍起。

壶天自春——取刘凤诰《个园记》中"不出户而壶天自春，尘马皆息"之意。

住秋阁——坐落秋山，可观、可游、可居。

4. 布局

个园可分为三层空间序列，由南至北分别是以住宅为核心的"人居"空间；以假山为核心的"石居"空间；以松竹密林为核心的"竹居"空间。建筑面积约 7 hm²，集中分布在"人居"住宅区域。"石居"空间以掇山理水见长，经营了春、夏、秋、冬四季假山，而"竹居"空间则是以翠竹植景为主，表现个园"竹石"主题。

个园原有住宅包括四进三路，前进砖雕门楼与轿厅已不复存在，目前仅存东路与中路各三进。东路建筑第一进为清美堂，以清为美，意指为人清白，建筑面阔三间，是接待来宾的场所，有楹联"传家无别法非耕即读，裕后有良图惟俭与勤"。第二进为楠木厅，因梁柱为金丝楠木而得名，面阔三间，是宴请的场所，抱柱楹联是"家余风月四时乐，大羹有味是读书"。第三进为住宅后厨房、柴房等。中路建筑同样三进，每进厅旁配有套房小院，第一进汉学堂，是正式的礼仪接待场所，厅堂以柏木为材，有楹联"三千余年上下古，一十七家文字奇"。第二进和第三进格局相同，均为居所院落，东西两侧均有耳门通火巷，院中设有各色花池，暗香浮动、竹影摇曳，平添幽静。

个园的园林艺术精华集中体现在住宅以北的四季假山区域，以郭熙画论《林泉高致》中提及的山水画创作技艺为原则："春山淡冶而如笑，夏山苍翠而如滴；秋山明净而如妆，冬山惨淡而如睡。"假山的总体布局与季节呼应，如顺时针游赏，能依次体会到春夏秋冬之景色。假山之中有两池清沼，池形曲折，建筑和假山倒影成趣。抱山楼（壶天自春）为假山区域的主楼，楼分上下两层，连同走廊约 45 m 长，夏山与秋山依抱山楼而掇，均在楼前。夏山低于秋山，但在夏山顶部设有鹤亭，以低中求高；而在秋山中建有住秋阁，以高中寓低。桂花厅与抱山楼隔水相望，位于"石居"空间的中心，能在厅中环看假山。

5. 理微

春山

夏山

（1）掇山　个园掇山兼用北派黄石和南派太湖石，将山水画的南北之宗融汇在一个园中。陈从周先生评价个园假山："春见山容，夏见山气，秋见山情，冬见山骨""以石斗奇，分峰而立，号称四季假山，为国内孤例"。

春山位于个园门前，门外翠竹劲挺，在竹丛中插植石笋（白果峰石、乌峰石），以"寸石生情"之态，状出"雨后春笋"之意，点出"春山"意蕴。从个园月洞门进入，太湖石按照"百兽闹春"经营了十二生肖石景，生机勃勃，春意盎然。

夏山位于园子西北角，由湖石假山营造双峰夏山，太湖石的灵动飘逸刻画出假山停云之势，正如陶渊明所言"夏云多奇峰"。夏山紧贴西水池，假山从水中升起，山下繁花垂条，山间石室清幽，山顶鹤亭翼然，夏山在碧水中的倒影更显水墨意蕴。

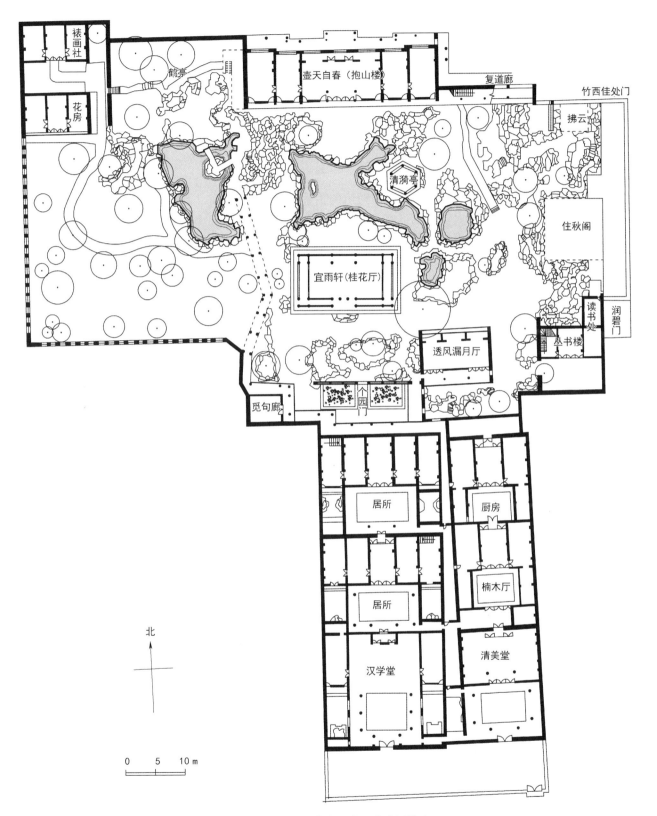

扬州个园平面图（摹自《中国古典园林史》）

秋山

冬山

秋山位于园之东北，由黄石垒成。山体拔地而起，峰峦叠嶂。游赏者沿磴道拾级而上，遇秋山忽壁忽崖，时洞时天，如历经千山万壑，其中尤以飞梁石室最为壮观，内置石桌、石凳等，宛如桃源。

冬山位于园子东南处，以宣石贴壁堆掇，整体造型仿佛"狮舞瑞雪"，生动活泼。冬山西墙之上设有二十四只圆洞（圆形漏窗），被称为"音洞"，与春山隔墙相对，暗喻风晴雨露，冬去春来。

个园的掇山叠石是分峰造景的典范，依据不同石材和立意，采用不同的技艺，营造出四季不同的山峰，体现四时不同的景色，形成了"春山多物象，夏山多云水，秋山多奇峰，冬山多风雪"的艺术效果。

（2）植物配置　在个园中，植物与假山的关系尤为密切，正如王维《山水论》所言："山藉树而为衣，树藉山而为骨，树不可繁，要见山之秀丽，山不可乱，须显树之精神。"园中除了广玉兰、枫杨、圆柏是上百年的历史古树，其余多数植物是按照历史文献和"四季假山"的说法增植、补植的。在春山处，花坛中间植有牡丹和芍药，竞吐芳华，边缘配有迎春、海棠等，与石笋共同烘托春意气氛。在夏山处，有紫藤一株，遒劲古朴，增添山石松动摇曳之感，也强化了繁花垂条的趣味，夏山脚下的水池内植有莲花，夏日时节，清香阵阵。在秋山处，黄石之上间植红枫，秋山之中还藏有桂花，金秋季节暗香浮动。在冬山处，山石边缘间植蜡梅与南天竹，植物花果的红与黄柔和了冬山的灰与白，在体现冬季萧瑟之感的同时也增添一丝生动。

（3）楹联　楹联能通过精妙简练的文字点明景题，让人产生丰富联想。个园中富有特色的楹联包括以下几处。

丛书楼处有楹联："清气若兰虚怀当竹；乐情在水静趣同山"，通过当前景色中的兰、竹、山、水阐述了读书之人的境界，与建筑丛书楼的功能交相呼应。觅句廊处有楹联："月映竹成千个字；霜高梅孕一身花"，这一楹联与个园名字相关。透风漏月厅处有楹联："虚竹幽兰生静气；和风朗月喻天怀。"壶天自春处有楹联："淮左古名都，记十里珠帘二分明月；园林今胜地，看千竿寒翠四面烟岚"，前句描绘扬州代表性场景，后句用"千竿寒翠"紧扣个园之竹景。

（四）实习作业

①测绘个园秋山平面图与剖面图。
②速写四季假山，每组假山一幅。

（五）思考题

①分析个园四季假山的堆叠手法。
②总结个园中的建筑尺度与形式。

（编写人：杨叠川）

春山

夏山

秋山

冬山

第二章

杭州园林

第一节 西湖风景名胜区概况

（一）西湖风景名胜区概况

杭州西湖风景名胜区位于浙江省杭州市中心，因其秀美的山水风光和浓厚的文化底蕴而享誉中外。根据《杭州西湖风景名胜区总体规划（2002—2020）》，杭州西湖风景名胜区东起松木场、保俶路转少年宫广场北，经白沙路、环城西路、湖滨路、南山路、万松岭路、铁冶路接四宜路、河坊街、大井巷，至鼓楼。南自鼓楼沿十五奎巷、丁衙巷、瑞石亭、大马弄、太庙巷、中山南路、白马庙巷、市第四人民医院西北面围墙、严官巷、杭州卷烟厂西面围墙、万松岭路、中河高架桥路、馒头山路、规划凤凰山脚路至天花山沿西湖引水渠道连接钱塘江北岸，向西经九溪至留芳岭（不包括之江旅游度假区 0.98 km² 范围）。西自之江旅游度假区北端（留芳岭）、竹杆山、九曲岭、石人岭至美人峰、北高峰、灵峰山至老和山山脊以东。北自老和山山麓（浙江大学西围墙）转青芝坞路北侧 30 m，接玉古路、浙大路、曙光路至松木场以南。总面积为 59.04 km²。外围保护地带东起中河北路、中河中路、中河南路转复兴大桥一线以西地区；南至钱塘江主航道中线、之江路至转塘路以北地区；西为绕城公路以东地区；北自留下经杭徽路、天目山路至环城北路以南地区。总面积为 39.65 km²。景区包括环湖景区、北山景区、吴山景区、植物园景区、灵竺景区、凤凰山景区、钱江景区、五云景区、虎跑龙井景区等九大景区。景区内群山高度都不超过 400 m，环布在西湖的南、西、北三面，其中的吴山和宝石山，一南一北，构成优美的杭州城市空间轮廓线。环湖景区为特级景区，以"湖开一镜平""水色人心清"的秀美湖景为景观特色，汇集了西湖十景，集中了西湖造园艺术的精华，乃西湖风景名胜区的核心和精髓；北山景区为城景结合景区，以历史街区、登山观湖及名人文化为特点；吴山景区为城景结合景区，以襟江带湖之景及城市民俗文化为特点；凤凰山景区为南宋、吴越文化积聚区；虎跑龙井景区是以龙井茶、虎跑水为代表的西湖山林文化区和龙井茶保护区；植物园景区是以植物多样性和植物资源保护为代表的杭州西湖休闲型生态景观区；灵竺景区为佛教文化积聚区；钱江景区和五云景区为登高览胜，一望汇流云天，寻涧访幽，竹径、清溪相结合的钱江文化积聚地。西湖傍杭州而盛，杭州因西湖而名。"天下西湖三十六，就中最美是杭州"。1982 年，杭州西湖被列为首批国家重点风景名胜区，2011 年 6 月 24 日，"中国杭州西湖文化景观"正式列入《世界遗产名录》。

西湖风景名胜区不仅具有风景名胜区的功能，对杭州市的生态环境、城市景观风貌有着举足轻重的作用，而且也承担着城市公园的功能，一直以来是市民主要的游览、休闲之地。1949 年初，杭州仅有的两个市级公园——湖滨、中山公园都位于西湖风景名胜区内，总面积为 4.15 hm²。新中国成立后至今，先后新建、扩建了湖滨、柳浪闻莺、孤山、花港观鱼、儿童、杭州植物园、长桥、杭州动物园、曲院风荷、镜湖厅、太子湾、杭州花圃、郭庄等公园，面积为 301.37 hm²，比 1949 年初增加了 71.6 倍。到目前为止，市区 49.24% 的公园绿地在西湖风景名胜区内，城市的儿童公园、动物园、植物园等专类公园也大都在风景名胜区内。

西湖风景名胜区以湖为主体，以植物配置为主，由大量乔灌木组成疏密有致、大小不同的空间，季相变化丰富，辅以亭、台、楼、阁、廊、榭、桥、汀。园林布局借真山真水、历史文化、神话传说，将山外有山、湖中有湖、景外有景、园中有园的风光，点缀得淋漓尽致。风景区内古迹遍布，人文荟萃，有 90 多处各具特色的公园、景点，60 多处国家、省、市级重点文物保护单位和各类专题博物馆。这些景区、景点共同构成了杭州城市与自然风景的过渡，使古都与现代风景园林城市合于一体。

（二）西湖的形成与发展

1. 西湖的形成

西湖原是钱塘江入海口的一处浅湾，江潮挟带的泥沙在水湾两岬（宝石山和吴山）处堆积。使浅湾与江道间慢慢地积起一片沙洲，这一片沙洲，最终形成了现今的杭州。

到了东汉，这片沙洲已形成了陆地，水湾与江海之间的联系之处也越来越窄，一个叫华信的地方官，干脆组织民力在浅湾与江海相通的最窄处修筑了一条堤——钱塘，浅湾与江海从此分开，湖的西、南、北三面都是青山，山上泉水流下来，海水成了甘甜的淡水——原始的西湖诞生了。在西湖完全封闭以后，水体逐渐淡化，变成一个普通的湖泊。

历史上的西湖比现在大一倍，汉唐时面积约 10.8 km²，宋元时约 9.3 km²，明清时减至 7.4 km²，现在仅为 5.6 km²。这是由于三面山区中溪流注入，所挟带的泥沙逐渐填充西湖，导致湖面逐渐缩小。竺可桢先生曾不无感叹地说："西湖若没有人工的浚掘，一定要受天然的淘汰，现在我们尚能泛舟湖中，领略胜景，亦是人定胜天的一个证据了。"而 9 世纪，白居易第一次疏浚西湖时，在今天少年宫一带筑起一道长堤，湖堤高出原来的堤岸数尺，这条长堤的修筑，标志着西湖真正发展演变成为一个人工湖泊。

2. 疏浚工程在西湖风景区的形成和发展过程中的作用

西湖曾是钱塘江入海口因泥沙淤积而成的"潟湖"，其名称也随着朝代的演替而发生变化。在唐代以前，西湖有武林水、明圣湖等名称，唐代改称钱塘湖，又以"其地负会城之西"，故称西湖。东晋、隋唐以来，绮丽的天然风景再加上寺庙、园林、村舍的点缀，西湖逐渐成为城邑的游览胜地。与此同时，地方官员致力于对西湖进行修治、疏浚，进一步推动杭州西湖的发展。在唐代，白居易到杭州任刺史期间，他主持修筑白堤以拦蓄湖水及保证对两侧农田的灌溉。由于对这片土地的热爱，白居易定期清淤除葑、植树造林，也留下了大量脍炙人口的诗篇赞誉西湖，杭州因此成为"绕郭荷花三十里，拂城松树一千株"的风景城市。北宋时期，苏轼担任杭州知州，指挥 20 余万人利用疏浚西湖时挖出的淤泥和葑草来修筑长堤，并采用桃柳间植的形式进行植物种植以保护堤岸。"西湖景致六条桥，间株杨柳间株桃"便成为长堤的真实写照。长堤的修筑进一步改善了西湖的景观风貌，杭州人民为纪念苏轼为百姓造福的事迹，将其称为"苏堤"。在南宋时期形成的"西湖十景"中，"苏堤春晓"作为十景之首，深受游客的喜爱。

在杨孟瑛担任杭州知府前，元代和明代初期政府对西湖采取废而不治的态度，促使杨孟瑛将西湖湮塞的严峻现状上报朝廷，引起明政府的关注。在此过程中，虽然遭遇许多阻力，但最终于 1508 年正式启动西湖大规模清淤工程，基本恢复南宋时期西湖湖面的景象，并修筑杨公堤。明代弘治以后，西湖又经历了几次疏浚并利用挖出的淤泥堆筑湖心岛和小瀛洲。

自清代以来，康熙和乾隆皇帝多次下江南，在一定程度上推动了西湖的整治更新。雍正年间，通过对西湖的大力修浚，其面积达 7.54 km²。嘉庆年间，浙江巡抚阮元在治理西湖过程中，利用葑泥堆筑阮公墩，成为西湖著名的三岛之一，至此，其堤岛的分布为现代西湖的基本格局奠定了基础。清代中后期，由于国力衰退，对西湖的整治工作出现断层，到 1949 年时，西湖湖面

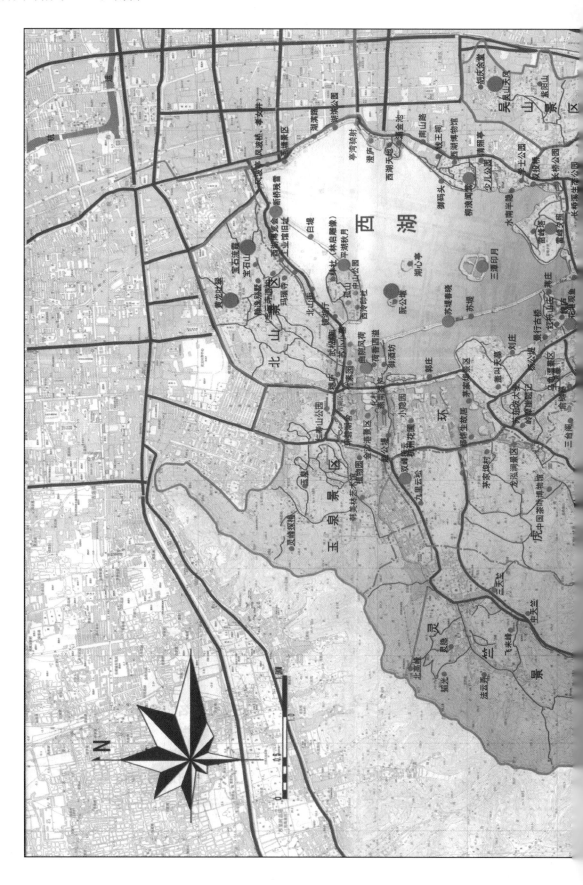

西湖风景名胜区景点分布图

几乎为泥所湮没，周围环境惨淡。20 世纪 50 年代，国家将西湖的清淤整治工作再次提上日程，并付诸实践，形成了现在我们所能看到的水面布局，水面积约 5.66 km²。

在 21 世纪初，伴随着西湖风景区的快速发展，也暴露出许多问题———水面开阔但景观单调、山环水抱的格局被破坏、游客数量激增导致景区游览压力大等。西湖风景区以开阔的水面为主要观赏点，但由于湖面景观层次单调，出现游客无景可观的尴尬局面。此外，西湖一直以来所呈现出的山水相依格局也因湖与山之间的陆地所分离，山环水的自然形态不复存在。随着旅游市场的快速发展，为西湖美景而来的游客日益增多，现有景区已然不能满足游客游览的需要，但湖西景区却"养在深闺人未识"，没有发挥其应有的作用。在众多原因的驱动下，杭州"西湖西进"受到多方关注，并在可行性研究的基础上，逐步推进实施。"西湖西进"并非仅是向西拓宽水面，它涉及湖西地区以及整个西湖景区的生态环境、风景资源和旅游发展，是一个复杂的综合性工程。

2003 年 10 月，杭州"西湖西进"工程竣工开放，展现在人们面前的是一个既熟悉又陌生的新西湖。西湖水域向西延伸，使西部区域的风景资源得以充分利用，扩展了西湖可游览面积，完善了西湖风景和旅游网络，缓解了西湖风景区中一些重要景区的压力。西部水域的开辟使历史上的灵隐上香水道和杨公堤得以恢复，尊重了历史风景的原初性，丰富了人们参观游览的路线。这些被湮没多年的历史景观重新展现出风情，也增添了西湖的历史文化底蕴。

（三）西湖历代园林的变迁

1. 五代以前园林

春秋战国时期，今杭州市区仍是海潮出没的沙洲。那时杭州一带为吴越之地。楚威王七年（前 333），越国被楚国灭亡后，这一带又被划入楚国的版图。秦始皇统一中国后，在吴越旧地设置了会稽郡，并在今天灵隐山下设立钱唐县治，即今天杭州的前身。公元 589 年，隋文帝杨坚灭南朝陈，结束了东晋以来二百多年的分裂局面，再次统一了中国。自隋代始设置"杭州"，这是杭州之名的正式开始。

从隋代到五代的后周，寺观园林非常兴盛。先后建成了中天竺寺（隋开皇十七年，597 年）、凤林寺（唐元和二年，807 年）、庆律寺（后晋天福元年，936 年）、天竺观音看经院（即上天竺寺，后晋天福四年，939 年）、惠日永明院（后周显德元年，954 年）。可以说寺观园林奠定了西湖园林发展的基础，也是后世西湖园林发展的动力。

西湖园林本身也得到了很大发展。刺史袁敬仁手植"九里松"，白居易浚湖筑堤，这些都对西湖的园林景观产生了积极的影响。钱镠置撩湖兵芟草浚泉，对西湖做出了重要贡献，今还有钱王祠以纪念他对西湖的贡献。

2. 宋代西湖园林

杭州西湖园林在宋代得到了很大发展。北宋时期，对杭州西湖发展影响最大的事件就是苏堤的修筑，著名诗人苏轼对杭州的发展和声名远扬做出了巨大的贡献。苏堤的修筑大大改变了西湖的景观格局和园林风貌，使得这条"西湖景致六条桥，间株杨柳间株桃"的长堤成为西湖风景的代表。

南宋时期大兴土木，皇家园林、私家园林、寺观园林都极为兴盛。民族英雄岳飞抗金的故事为西湖山水增添了浩然正气，岳飞墓也成为千百年来人民纪念凭吊的圣地。

南宋临安的园林，数量之多甲于天下，"自绍兴以来，王侯将相之园林相望"。其奢靡之风不亚于当时的帝王之宫。叠石如飞来峰，砌池似小西湖；贵戚豪吏之园林，有的占地半湖，有的纵横数里。当时临安不仅财宝敛聚，而且集中了最著名的诗人、画师和造园巨匠，他们凭借西湖的奇峰秀峦、烟柳画桥，博取了全国造园之长。因此，在园林设计上具有"因其自然，辅以雅趣"的特点，并形成山水风光与建筑空间交融的风格，在我国造园史上留下了重要的一页。

西湖经过南宋继续开发建设而成为风景名胜游览地，也相当于一座特大型公共园林——开放性的天然山水园林。西湖处在南、北两山三面环抱之中，四周被皇家园林、私家园林和少数寺庙园林所环绕，众多园林各抱地势，借景湖山，视野开阔。景区环湖一带的众多小园作为点缀其间的园中园，因借地势之构造，得山水之天然。帝王官宦、布衣市民往来其间，成为市民真正的游憩公园。所以说，西湖一带的园林，从园林分布的情况来看，其选址充分考虑到整个湖山的自然形态和景观效果，并以之作为建园前提。湖山得园林之润饰而更臻于画意之境界，园林得湖山之衬托而把人工与天然凝为一体。

从整体分布来看，小园林以西湖为中心巧妙点缀于孤山、凤凰山的怀抱中，或借湖山为背景，或以群山作屏障，时聚集、时分散，依山傍水，疏密有致，浑然天成。诸园在渲染山林、借山引湖的同时，也充分发挥其点景作用，丰富了景观层次，提升了景观风貌。各园林的分布大体上可分为三段：北段、中段和南段。

北段的园林主要分布于葛岭和孤山周围，因山势之蜿蜒，多为山地小园。古香古色的西泠桥位于葛岭麓与孤山之间，既可近观里湖又能远瞩外湖，景观视线通透，山水风景如画。中段始于长桥，终于钱塘门，环湖沿西城墙蜿蜒而上，途经钱湖门、清波门、涌金门。将聚景、玉壶、环碧等园点缀于湖滨地带，近挹湖光，远瞻山色，与苏堤巧妙呼应。沿湖西转，顺白堤而见孤山，亭台楼阁布置其间，成为中段的高潮。南段园林大部分集中于西湖南岸，以南屏山、包家山、凤凰山为背景开展建设。因其靠近宫城，故以行宫御苑居多，如胜景园、翠芳园等，但也有不少私家园林和寺观园林，如灵隐寺、净慈寺等，寺庙也就成了西湖风景区的重要景点（见南宋临安主要宫苑分布图）。

南宋时期西湖十景就声名远播：苏堤春晓、曲院风荷、平湖秋月、断桥残雪、柳浪闻莺、花港观鱼、雷峰夕照、双峰插云、南屏晚钟、三潭印月，十景各擅其胜，构成西湖胜景精华。

十景源出南宋西湖山水画题名，各擅其胜，共同之点为景目位置皆傍近西湖或就在湖中。宋亡入元，西湖十景一度冷落萧条，景目所指景点，或旧迹难觅。明代，十景有所恢复和更新。清康熙三十八年（1699），康熙皇帝南巡至杭州，逐一品题西湖十景，将"两峰插云"改为"双峰插云"、"雷峰落照"（或称"雷峰夕照"）改为"雷峰西照"、"南屏晚钟"改为"南屏晓钟"。"西照"与"晓钟"虽只一字之改，却未被众人接受，因而只在清代有关西湖著作中有这两处更改的景名，以后众人赋诗作词写文，仍沿用初名。康熙皇帝为十景题字后，浙江地方官吏先后将御笔所书景名，刻石立碑，建亭恭护，至此，十景之名从过去只在书上有所记载，成为十景所在景点标志。之后，乾隆皇帝南巡杭州，又就十景各赋诗一首，镌刻于景碑碑石阴面，使西湖十景景名更广为人知，加之宋元明清时期及近代众多描绘吟咏十景之绘画、诗词、游记、照片，十景被公认为西湖山水的代表。西湖十景除"雷峰夕照"于民国十三年（1924）倾圮，景观消失，其余九景迭经整葺、恢复和扩建，不但面貌焕然一新，内容也更与景名相符。

3. 元明清时期西湖园林

元明清时期的西湖园林在北宋西湖园林的基础上有所发展但变化不大，有部分宋代遗留下来的园林形式。据史料记载，杭州著名的聚景园、后乐园等均于元末荒芜，元朝政府认为南宋亡国的主要原因就是迷恋山水，因此对西湖废而不治。

明代初期，政府官员对西湖仍不加整治，由元代至明初的百年时间里，西湖一直处于荒废状

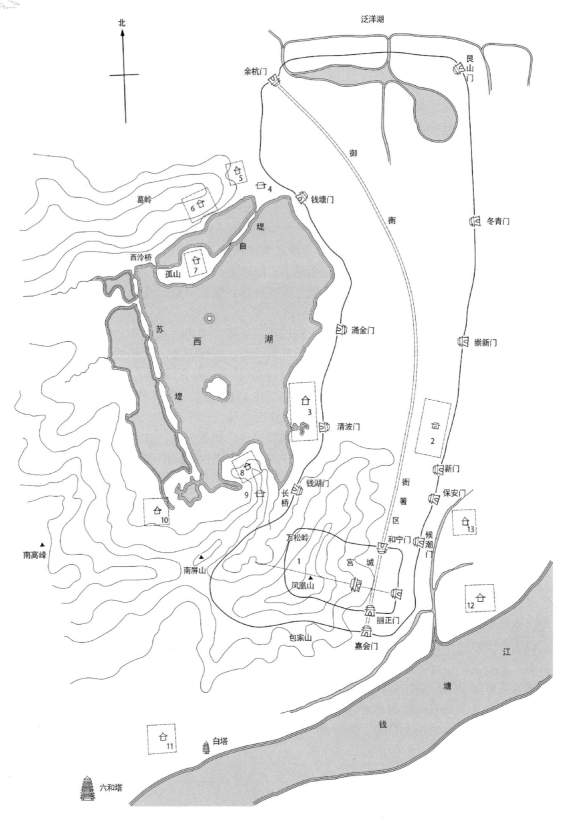

北

泛洋湖

余杭门

艮山门

御

钱塘门

冬青门

葛岭

西泠桥

孤山

苏

堤

白

堤

西 湖

涌金门

崇新门

清波门

新门

保安门

候潮门

钱湖门

长桥

南高峰

南屏山

万松岭

凤凰山

宫 城

和宁门

衙 署 区

五柳园

南宋临安主要宫苑分布图

丽正门

包家山

嘉会门

江

塘

钱

白塔

六和塔

南宋临安主要宫苑分布图

1. 大内御苑　2. 德寿宫　3. 聚景园　4. 昭庆寺　5. 玉壶园　6. 集芳园　7. 延祥园

8. 屏山园　9. 净慈寺　10. 庆乐园　11. 玉津园　12. 富景园　13. 五柳园

态，从出现部分平田、野陂逐渐全部演变成池、田和桑林，航运能力逐渐消失，农田也因得不到湖水灌溉而常常遭旱。

杭州西湖出现新一轮整治的转折点是杨孟瑛来杭州任知府，他将西湖严重淤塞的情况上报朝廷，撰写修治西湖的《开湖条议》，其报告得到工部的允可。在杨孟瑛的带领下，拆田还湖，基本恢复西湖湖面的旧观，并利用疏浚西湖的淤泥堆筑杨公堤，使西湖景色得以延续。康熙和乾隆皇帝的多次南巡也在一定程度上推动了杭州西湖的整治更新。元明清时期的西湖园林在古代人民的共同努力下，既增加了园林的人文要素又传达出浓厚的文化气息，使宋代西湖园林的成熟局面得以延续和发展。

4. 近现代西湖公共园林

西湖风景区经历了战火的洗礼，见证了中国近代历史的变迁，而其本身也发生巨大变化。1929 年举办的西湖国际博览会成为西湖历史上的一件大事，中西方文化在西湖产生剧烈碰撞，新思想、新技术的出现也提高了杭州西湖的知名度。

中华人民共和国成立以来，为向公众展现西湖的历史风貌，相继修缮、恢复灵隐寺、六和塔、岳飞墓等著名景点，在保证历史原真性的基础上注入时代的活力。

花港观鱼公园在 1949 年前可谓无花可赏、无鱼可观，园内面积狭小，常出现游人拥挤的状况。1949 年以后，我国著名风景园林设计师孙筱祥先生对其进行重新规划，增加公园南部的绿地面积，扩大金鱼园，增设牡丹园，开辟花港，恢复并发展了历史上久为人民所喜爱的"花港观鱼"古迹，以满足城市居民休闲游憩的需要。

此外，还新建了太子湾公园、阮墩环碧等著名景点，同时整修改造曲院风荷、杭州植物园、万松书院等公园景点 40 余处。1985 年，杭州市园林文物管理局举办新西湖十景的评选，经杭州市民及各地群众积极评选，并由专家委员反复斟酌后确定新西湖十景：吴山天风、满陇桂雨、玉皇飞云、云栖竹径、九溪烟树、黄龙吐翠、龙井问茶、虎跑梦泉、阮墩环碧、宝石流霞。这不仅扩大了西湖的游览面积，在一定程度上缓解原有景区环境压力，也为市民提供了更多的休闲游憩空间；更重要的是新西湖十景的确立强化了西湖风景区的整体性和连续性，改善了景区周边的景观风貌，提升了游客的游览质量。

5. 当代城市开放空间

随着社会的飞速发展，人们越来越渴望获得更多的开放空间用以交往和休闲。据统计，西湖景区在节假日期间最大客流量可达 100 万，现有景点已无法满足日益增长的游客量，游人无法享有高品质的旅游体验，然而，许多有潜力的景点却没有得到合理的规划开发。

为了再现西湖的历史风貌、调控区域建设，保证为人们提供高质量的城市开放空间，湖滨新景区综合整治、西湖湖西区综合保护工程于 2001 年正式启动，整治过程不仅增加了可游览面积，而且进一步改善了湖西地区的生态环境，将原来许多掩藏在村庄、树林中的古迹进行修缮以吸引大量游客来欣赏。此外，不断完善周边的配套服务设施，布置乡村茶楼和餐馆以方便市民使用，因此也可改善村民的生活条件、增加经济收入。

2007 年 10 月，在第九届中国杭州西湖博览会开幕式晚会上又为西湖增添了新十景：灵隐禅踪、六和听涛、岳墓栖霞、湖滨晴雨、钱祠表忠、万松书缘、杨堤景行、三台云水、梅坞春早、北街梦寻，至此形成西湖三十景的全新景象。

新十景主要分布在西湖湖西景区，不断完善群山峻岭中的配套服务设施，提高湖西区的旅游质量，让更多的游客走进山林，认识新的西湖。梅坞春早、杨堤景行均靠近西湖岸堤，西湖新十景俨然成为西湖外环的风景走廊。西湖新十景中"湖滨晴雨"由于其地理位置的特殊性，处于西湖和城区接壤的地方，三面云山一面城，是品鉴阴晴雨雾的好去处，尤其是在杭州多雨的季节，漫步湖滨，烟雨蒙蒙，水天一色。对于晴雨的鉴赏，人们素有"晴湖不如雨湖，雨湖不如月湖，月湖不如雪湖"之说，这一方面描绘了四时均有景可赏的画面，另一方面表明了特定气象条件下所成景致的奇特性。同时，"湖滨晴雨"亦是对"水光潋滟晴方好，山色空蒙雨亦奇"的真实写照，晴好雨奇，表达出对雨中西湖朦胧美的品赏。

（四）西湖的造园艺术

西湖的美在于山水相依，水不广，但湖平如镜，山屏湖外；登山兼可眺湖，游湖亦并看山；山影倒置湖心，湖光反映山际，山抱水回，婉约秀逸。西湖集天时地利、历史人文、神话传说的自然胜境，孕育了千种诗情、万般画意。而苏轼那首脍炙人口的诗作，历来都被认为是描绘西湖之美的千古华章，最深刻、生动地揭示了西湖气韵的精髓："水光潋滟晴方好，山色空蒙雨亦奇。欲把西湖比西子，淡妆浓抹总相宜。"

1. 西湖的山水格局

从地理的角度来看，西湖的特点为山与水的分布在空间比例上比较均匀，两者契合得比较紧密，总体上形成山水环抱之势。"三面云山一面城"高度概括了西湖的总体格局，西湖西、南、北三侧均被群山环绕，山体奔趋有致，主峰高耸，形成了"乱峰围绕水平铺"的意境。湖的东侧平地接临杭州城，和群山形成虚实的交替对比。

西湖的美不仅停留在亭台楼阁的点滴之间，更体现在整体的山水景观格局之中。占地面积5.66 km² 的西湖，水面纵深不超过 3 m，周围群山高度均不超过 400 m，泛舟湖上或散步湖边时，整体空间疏朗，视野开阔，形成了以湖面为中心的具有一定内聚性的空间形态。苏、白二堤与孤山将湖划分为 5 个大小各异的水面：南湖、西里湖、岳湖、北里湖和面积最大的外西湖，而外西湖上则又分布着小瀛洲、湖心亭、阮公墩三座小岛，这一山、二堤、三岛极大地丰富了水面的空间形态。可以说，西湖是水与陆地组合最为丰富多彩的一个范例。

杭州的山，几乎都是围绕着西湖而连绵的。山上苍翠的树林、挺立的古塔和群山一起构成了西湖最壮美的轮廓线。湖南的吴山、凤凰山，虽然都不高，却承载着厚重的历史、丰富的文化；湖西是风景区内山峦最为集中的地区；湖北葛岭紧紧依偎着西湖，山势虽不高，但因为离湖最近，视线仰角大而显得高耸，加之宝石山上亭亭玉立的保俶塔，是西湖的点睛之笔。立于白堤，近处是湖中碧荷，远处是宝石山顶上保俶塔的塔影，构成了整个西湖轮廓线的最高潮。环湖的轮廓线经过这些建筑的点染而富于节奏的变化，同时高潮迭起，成为西湖景观中的精华之一。

2. 西湖的园林

西湖经过历代的建设，留下了众多的园林精品。这些园林作品不仅具有深厚的造园艺术，同时形式内容多样，风格特色鲜明，在中国造园史上具有重要地位。其中规模最大的是作为整个城市公共园林的"西湖"，大园中又蕴含多个园中之园：既有皇家园林，也有私家园林，还有寺庙园林、书院园林、纪念园林等；既有依山小筑，又有湖中建园。南宋鼎盛时期曾出现过"一色楼台三十里，不知何处觅孤山"的壮观景象。这些园林巧借湖山之秀色，同时也装点了湖山的画意。但由于历史的变迁，部分园林已经消失，遗迹难寻，但仍有部分形式内容各异的园林完好地保存了下来，代表着西湖造园的整体水平。

杭州的园林包含江、河、湖、山，有独具风格的湖山之美，又有文物之荟萃。杭州园林主要由以自然山水、奇峰、洞壑、林木为主的风景名胜点；文物古迹、庭院遗址；庙宇寺观和古建筑所附属的庭园；新建、扩建的公园绿地四个部分组合而成。西湖风景区的园林是自然美与人工美的结合，而以自然美为主的风景园林。

中国传统园林强调"相地"，园林选址是整个建园过程的基础。苏州园林本着"大隐隐于市"的哲学理念，园林通常建于城市之中，选址平淡，只能通过园中的丈山、尺树来模拟自然景观。而杭州的诸多园林却有着优越的自然环境作为背景，巧于因借，造园可谓事半功倍。沿湖的诸多园林均以西湖为依托，巧借旖旎的湖光山色，却又造就了各自不同的精彩。沿湖众多的园林作品，充分显示了中国传统造园选址、借景的艺术，成为杭州园林的主要特色之一。如西泠印社，依山面湖，既有天然胜境，又有丰富的人文内涵，是典型的文人园林，也是山地建园的精品；三潭印月，"湖中有岛，岛中有湖"，其水上建园的布局形式，堪称海内典范；郭庄、汪庄、刘庄，杭州私家园林的代表，借景西湖的同时又自成一体；还有孤山南麓"江南三阁"中仅存的文澜阁，以及依山临水的灵隐寺、净慈寺和虎跑等。

3. 西湖丰富的植物景观

根据杭州当地的气候、地质、土壤条件和艺术效果与经济价值的要求，山区风景林木以亚热带常绿阔叶乔、灌木为主，主要有冬青、石楠、青冈栎、苦槠、钩栗、红楠、紫楠、浙江樟、香樟、木荷等三十余种，此外，还有在历史上占重要地位的马尾松和毛竹。西湖的山麓地带是西湖的绿色屏障，观赏效果要求高，植物配置以观赏植物为主，以常绿树为基调，大力发展色叶树种，为西湖增添绚丽多彩的背景。其他山区则营造经济价值与观赏价值相结合的风景经济林，在土壤条件较好的山地，多发展柿树、银杏、杨梅、枇杷、薄壳山核桃等观果、观叶的果木林。在具有历史性并以植物著称的景区内，开辟季节性的游览点，营造和恢复特色鲜明的单纯林，如理安寺的楠木林、灵隐的七叶树林、大慈山的金钱松林、吴山的香樟林、七佛寺的枫香林、云栖的竹林、万松岭的松林、虎跑的柳杉林等，以突出季节性的风景特色。

西湖四周的滨湖地带，是游人密集之处，以欣赏湖景为主，一般布置宽阔开朗的空间，形成透景线，透视园外的湖光山色。环湖地区地下水位高，以垂柳为主景树，保持"袅娜纤柳随风舞"的西湖地方特色，并以体型巨大、树姿优美、树冠浓密的香樟作为基调树种，突出西湖平缓、柔和、轻快的风格。局部地区穿插水杉作为配景树，以丰富林缘线的变化。环湖地带的植物配置要求四季美观，多选用色彩鲜艳的花木，以增添"映水印影生色"之趣。新建的公园、绿地一般都以植物作为主要题材，以乔木为骨干，草坪、花木为重点。根据地形、地貌等立地环境条件，各种活动功能及所要达到某种意境的要求，采取大小相间、幽畅变换、开合交替、虚实结合等手法，组合成变化多样的园林空间。

西湖风景区的植物景观特别注重四季变化，春有桃、夏有荷、秋有桂、冬有梅。各景点也有自身的植物配置特色：有的以色彩鲜艳见长，有的以芳香馥郁著称，有的以苍翠挺秀取胜。特别是有些公园以突出各个季相特色著称，以香樟、桂花等常绿阔叶树作为基调树种，呈现出景景不同，季季不同，处处不同的景象。

自古以来，杭州西湖就扮演着城市基础设施的重要角色，服务于城市的发展和建设，而西湖之所以能延续千年而不朽则是得益于人们对她的热爱及对其进行的多次疏浚工作。白居易利用疏浚的淤泥修建了连接孤山的"白堤"，苏轼结合西湖清淤所得的葑泥建造了贯通西湖南北的"苏堤"，杨孟瑛突破重重阻力堆筑"杨公堤"，阮元也致力于西湖的整治而有"阮公墩"。中华人民共和国成立以后，杭州市政府又组织了多次大规模疏浚工作，先后形成了包括太子湾公园、江洋畈生态公园等在内的一批重要的城市公园。结合疏浚工程的不断推进，营建出了文化历史内涵丰富、风景秀丽的城市景观。通过综合保护，西湖自然生态得以修复，杭州历史文脉得以延续。

（编写人：裘鸿菲）

第二节　杭州经典园林介绍

一、平湖秋月

（一）背景介绍

远望平湖
秋月

平湖秋月为西湖十景之一，现今位于西湖白堤西端、孤山路口，背依孤山、面临外西湖，面积约 0.6hm²。是由三组建筑及联系建筑的回廊、曲桥、平台等构筑物和点缀其间的山石、植物穿插连缀而形成的一个带状沿湖园林，兼得西湖水、月之妙，为秋季赏月观湖胜地。

平湖秋月景名最早见载于南宋嘉熙三年（1239）的《方舆胜览》，被列为西湖十景之首。当时并无确定的唯一景址，泛指月夜泛舟、游赏湖光月色之处，追求"一色湖光万顷秋"之境。现今的平湖秋月景址为清代康熙三十八年（1699）康熙第三次南巡时所定"望湖亭"旧址。

望湖亭始建于唐代，"在孤山之趾"。南宋建都临安，因在白堤建四圣观，望湖亭迁址宝石峰。明代又复迁孤山路口，后圮；万历十七年（1589）时孙隆重建"亭在十锦塘之尽，渐近孤山……修葺华丽，增筑露台，可风可月"，水月兼得，被视为平湖秋月之前身。

清初改建为龙王堂，康熙三十八年（1699）康熙皇帝第三次南巡时钦定于此"望湖亭"旧址建"御书楼"（龙王堂迁建），悬御制平湖秋月匾于内，旁构水轩，曲栏画槛，蝉联金碧，与波光互映。后人又勒石建亭"御碑亭"于其左。

20 世纪
20 年代
平湖秋月
景色

1919 年，英籍犹太商人哈同购御书楼西侧 0.4 hm² 之地筑私家花园"罗苑"。中华人民共和国成立后，对西湖十景陆续恢复修缮，平湖秋月也有了新的发展。1959 年平湖秋月景点可供游览面积只有 0.15 hm²，之后将罗苑纳为一体，拆除其高墙及部分建筑，移建湖天一碧楼，增植花木、添置山石，辟西侧临湖赏月平台。"文化大革命"期间平湖秋月景点的主体建筑均被破坏，1977 年对整体环境进行改造、修葺建筑、拓宽临水平台，重刻"平湖秋月"碑。

2008 年，杭州西湖作为一个整体筹备申报世界遗产，遂按康熙、乾隆年间行宫图对平湖秋月进行整修。增建仿古围墙，将御书楼、平台与回廊、亭榭通过曲桥相连，形成水院，形成现今基本格局。自东向西有御碑亭、平湖秋月楼、月波亭、梅鹤轩和湖天一碧楼等建筑，与回廊、曲桥、围墙及山石花木共同构成了一处"据全湖之胜"的园林景点。

（二）实习目的

①理解中国传统园林观湖赏月之意境追求。
②掌握滨水狭长带状空间的景色组织、空间布局手法。
③学习用回廊、曲桥联系亭台楼阁，构筑具有风景园林特色的滨水园林建筑的方法。

（三）实习内容

1. 明旨

平湖秋月为"合水月以观，而全湖之精神始出也"。秋湖益澄、秋月逾洁，游湖赏月为此景主要目的。最初景名源于南宋山水诗画题名，是对秋夜泛舟、赏月观湖之雅事的诗化描述和意境追求。如宋代孙锐《平湖秋月》诗所云："月浸寒泉凝不流，棹歌何处泛归舟。白苹红蓼西风里，一色湖光万顷秋。"

2. 相地

南宋时平湖秋月为风景意向，并无确定景址，泛指凡可于秋日泛舟夜湖、观湖赏月之处。清康熙皇帝第三次南巡时将平湖秋月定址于孤山路口、孤山南麓与白堤西端连接处。

其一，作为至孤山必经之处，自古车马游人来往如织、交通便利。

其二，背依孤山、面临西湖，视线开阔延展，东到湖滨、南至南屏、西迄苏堤，整个外西湖景色尽收眼底，可谓"据全湖之胜"。

其三，此处原为望湖亭旧址，历经数朝数代多次改建，已形成了"渐近孤山、湖面宽广""可风可月，兼可肆筵设席。笙歌剧戏，无日无之"的景象盛况而深入人心，清初改作龙王堂造成"咽塞离披，旧景尽失"之状，因此迁堂改建御书楼等建筑院落，钦定平湖秋月于此，以达"合水月以观"之境。

3. 立意

（1）景点立意　平湖秋月为西湖十景中，因借天时物候、自然成景，观湖赏月的两个景点之一。御书楼前楹联"万顷湖平长似镜；四时月好最宜秋"，观赏对象自然、单纯、唯美，以"平湖"的水平直线和"秋月"的满圆这样单纯抽象的完型表达"幽远静谧、清寥莹澈"的空灵旷达之绝美意境。"每当秋清气爽，水痕初收，皓魄中天，玻璃澄澈，恍神游于琼楼玉宇间也"。

平湖秋月楼

（2）问名晓意　平湖秋月楼——即御书楼，为康熙南巡时改建。前后拱门柱上分别有楹联"万顷湖平长似镜；四时月好最宜秋""穿牖而来，夏日清风冬日日；卷帘相见，前山明月后山山"。

御碑亭——挂楹联"佳景四时，最好秋光何况月；静观万物，欲平天下有如湖"。

御碑亭

月波亭——又名"碧老亭"，有楹联"欲把西湖比西子；更邀明月说明年"。

梅鹤轩——又名"碧滟轩"，有楹联"胜地重新，在红藕花中，绿柳影里；清游自昔，看长天一色，朗月当空"。

湖天一碧楼——原为"罗苑"中的遗构，后成为中国新兴木刻运动摇篮"一八艺社"的社址，现被纳入平湖秋月，为西泠书画院。

月波亭

各建筑命名及楹联匾额均为点景之笔，表达此处秋水澄碧、秋月皓洁、合水月以观、水天一色的空灵幽静之境。

4. 布局

平湖秋月经历了从无确定景址到定址孤山之趾的变迁过程，景点构成、组织布局一直在不断演变。总体上呈现园林单体建筑直线形布局逐渐转向围合的院落式布局，建筑规模不断增大，观水赏月平台不断扩大并向水面挑出，配置山石花木形成自然绿地空间穿插掩映的趋势。

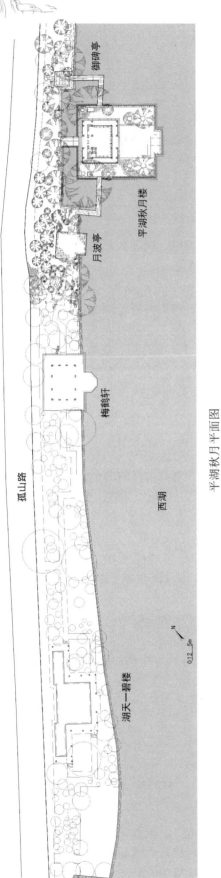

御碑亭

月波亭

平湖秋月楼

梅鹤轩

孤山路

西湖

湖天一碧楼

平湖秋月平面图

N

0 1 2　5m

孤山路

御碑亭

平湖秋月楼

月波亭

北

0 1 2　5 m

平湖秋月核心景区

现今景址非常狭长，长约 170 m，最窄处宽 13 m，近一半长度上的用地宽度不足 20 m。布局了以平湖秋月楼为核心的一组园林建筑水院、梅鹤轩和湖天一碧楼等两处园林建筑单体。与湖水分别呈现凸出水面、临水和退水而观的水岸空间布局形式。各建筑院落及单体以围墙、回廊、曲桥、园路等穿插联系，以山石花木点缀掩映其间，使建筑空间与植物空间交替组织，形成了一处错落有致、独具一格的狭长形沿湖园林。由此处观湖赏月，景域开阔旷达，可观赏包括外湖水域及三岛、苏堤、西湖西、南环湖群山和东岸沿湖城市景观在内的景色。

平湖秋月楼
北入口

5. 理微

（1）建筑　陈从周先生曾指出："我国古代造园，大都以建筑物开路……景有情则显，情之源来于人。'芳草有情，斜阳无语，雁横南浦，人倚西楼。'无楼便无人，无人即无情，无情亦无景，此景关键在楼。证此可见建筑物之于园林及风景区的重要性了。"

平湖秋月景点中的园林建筑一直在不断演变，数量时有增减、布局不断调整、形式多有变化。但正所谓"近水楼台先得月"，从明万历年间在望湖亭前始建平台开始，"建筑—平台—湖面"的基本建筑布局关系一直传承到现在。这样既可登高望月，也可临湖亲水，在顺应场地条件、丰富景观层次的同时，传达了"合水月以观"的景点立意。

平湖秋月楼
北石桥

平湖秋月景点中最主要的园林空间为出围墙、曲桥、回廊穿插联系的平湖秋月楼、御碑亭和月波亭三个建筑组合而成的园林建筑水院。平湖秋月楼在水院南缘中部，坐北朝南、三面临水，为二层三开间带副阶周围廊重檐歇山造（底层面积约 150 m²，通高 10.8 m），与北岸以中部入口梁板桥相连，楼南有挑于湖面的平台。御碑亭位于平湖秋月楼东侧，与之以东曲桥相连，为四角攒尖木构亭（面积约 15 m²，通高 5.6 m）。月波亭在平湖秋月楼西侧，与之以西曲桥相连，为清式歇山顶三开间木构敞轩，敞轩架于湖面之上，设美人靠可临湖观景。

平湖秋月楼、
月波亭、
梅鹤轩

（2）植物配置　平湖秋月景址狭长，总体上欲营造出湖平如镜、皓月当空之"幽远静谧、清寥莹澈"的纯粹感，以秋季月夜观景为胜、兼顾其他天时物候的景色。

因此在植物配置中，首先要考虑意境的表达，以衬托"水、月、秋景"的主题；空间布局从近孤山路一侧至水面，总体上以由密渐疏、由高到低、由丰富多样到简单纯粹为原则，配合园林建筑进行点缀配置。使得长约 170 m 的沿街立面高低起伏有致、建筑与植被交替出现、相互掩映不觉单调，近湖面则开阔旷达，从而幽旷合宜。在季相特色方面，以四季兼顾、主题突出为原则。

选用植物 40 余种，以香樟、枫杨、垂柳为空间骨架，辅以珊瑚树、女贞等植物。以秋色叶植物及花木烘托主题，秋色叶树种以鸡爪槭、红枫、乌桕、紫叶李、柿等为主，花木以桂花为主，辅以西府海棠、含笑、石榴、紫薇、夹竹桃、广玉兰、梅花和蜡梅等植物，形成四时有花之美景。

（四）实习作业

①实测"平湖秋月楼—御碑亭—月波亭"建筑水院，完成平面、立面、剖面图各一幅。
②速写二幅，必须包含建筑、山石、植被、水体等多种要素。

（五）思考题

①结合平湖秋月的立意、选址，理解其在西湖整体风景意向中的作用。

②思考如何综合应用植物、园林建（构）筑物、山石等要素处理狭长形的滨水空间，形成层次丰富的空间效果。

（编写人：叶 莺）

20 世纪 20 年代平湖秋月

引自安怀起. 杭州园林 [M]. 上海：同济大学出版社，2009

泛舟西湖望平湖秋月 张斌摄影

平湖秋月楼 徐利平摄影

御碑亭 徐利平摄影

月波亭 张斌摄影

由月波亭入口望平湖秋月楼北石桥 叶莺摄影

二、花港观鱼

（一）背景介绍

花港观鱼公园位于西湖西南角，介于苏堤和杨公堤之间，是西湖十景之一。南宋时内侍官卢允升在大麦岭后花家山的一条溪流旁栽植花木，并叠石为山，凿地为池，畜养鱼类。清康熙三十八年（1699），皇帝玄烨南巡驾临西湖，手书"花港观鱼"四字景名并在赏鱼池畔刻石立碑建亭。清末以后，花港观鱼由于年久失修逐渐衰败，到1949年前夕除浅水方塘外一片荒芜，仅剩下一池、一碑，约2 000 ㎡（3亩）。1952—1955年，由著名风景园林师孙筱祥先生主持设计并疏浚和重建花港观鱼公园，包括迁移花港观鱼附近的民房、工业建筑，清理水塘、菜园，疏浚、拓宽红鱼池，建立牡丹亭，修缮红栎山庄遗址等，最终形成了以"花""港""鱼"为特色的面积达14.6 hm²的公园。1963年，花港观鱼开始第二次大规模复建，继续将公园南部面积约5.5 hm²的堆积西湖疏浚泥土的区域划为公园园地，形成了公园西南侧的丛林区和南侧的芍药圃；同时，进一步疏浚花港港道，强化与西湖的水网联系，新建茶室一座。1964年二期复建工程竣工后，花港观鱼公园面积达21.3 hm²。1978年后，公园先后完成扩建牡丹园、芍药圃，改建东大门，整修蒋庄建筑等。1979年，公园在大草坪区栽植了一批美国总统尼克松赠送的红杉树苗。1984年，红鱼池东岸新增了延伸入池中的临水建筑观鱼廊。2003年，西湖综合保护工程沿杨公堤开挖水系，进一步加强了花港内部水体与西湖西进水体之间的沟通联系，公园格局更加完善，最终形成面积约32.8 hm²的大型综合性公园。

观鱼廊

（二）实习目的

①学习全园各景点不同的植物配置特点与方式。

②体会红鱼池与牡丹园在地形利用与改造、建筑选址与设计、园路布设等方面的优缺点，以作借鉴。

（三）实习内容

1. 明旨

在杭州市绿地系统中，花港观鱼公园位于可供城市居民休息疗养及游客休闲游憩的西湖风景名胜区内。因此，花港观鱼公园建园目的主要有以下两方面：一是丰富西湖风景区南山部分的绿地休疗养功能，适当满足城市居民及游人的休闲需求，同时解决山北部分地区游人过分拥挤的现状问题；二是恢复和发展"花港观鱼"古迹，保护并传承历史文化。

2. 相地

花港观鱼公园处于西湖山水交汇处，前依南屏山，西靠层峦叠翠的西山，北临西里湖，东临小南湖。全园两面环山、两面环水，地势由西北向东南倾斜，整体依托自然地形进行筑山理水。公园东北部地势低，原为荷塘、洼地和水田，设计时开挖成自然弯曲的大水池，水景自然成趣。公园中部北面原山坡地高石多，营造时在原地形基础上堆叠假山石并以花王牡丹为主题进行设

牡丹园

藏山阁
大草坪

计，形成高低错落、步移景异的牡丹园。公园中部南面原为草坪，设计时在平坦地形上栽植芍药与北部的牡丹呼应形成芍药圃，延长了全园赏花季节。公园西南角原有山丘林地，设计在此基础上建密林营造丛林区，形成了杨公堤的天然屏障。公园北侧沿西里湖一带，在原地形上设置自然草坡，以雪松为骨干树种分隔空间，将西里湖与苏堤的景致引入园中，同时保留原红栎山庄的藏山阁于叠石假山之上，形成了藏山阁草坡区。

3. 立意

（1）景点立意　由于公园的历史渊源，名与意在改建之前就非常明确，"花""港""鱼"是公园的主题。这些主题确定了公园应再现花之繁茂、港之幽深、鱼之悠闲等景象，各景点景名也顺势而得。

"花港"一词原是指大麦岭后花家山的一条溪流，因其中常有落英飘入，故名。花港观鱼的史称则源自南宋画家马远所作西湖山水画的画题，而后，康熙手书花港观鱼景名，后有乾隆作诗云："花家山下流花港，花著鱼身鱼嘬花。"

（2）问名晓意　红栎山庄——亦名味庄，于2003年易地恢复。红栎山庄由多幢小楼组成，分别为红栎山庄、梦蝶楼、枕湖居、云麟湖馆、画舟梅笛轩等。

蒋庄——原为无锡人廉泉的别墅小万流堂，后蒋国榜得此楼，易名为兰陔别墅，俗称蒋庄。

魏庐——又名惠庐，2003—2004年间，整治后的魏庐融入了花港公园的景观。

4. 布局

红鱼池

花港观鱼公园在空间布局上遵循主次分明、构图整体不可分割、多样统一和对立统一的原则，在利用和改造地形的基础上，以牡丹亭和红鱼池为全园构图中心，形成"花""港""鱼"的景观布局体系。全园分为鱼池古迹、红鱼池、牡丹园、新花港、大草坪、丛林区和红栎山庄七个景区。

牡丹亭

花港观鱼公园通过梳理水系与地形，营造出山水交融的景观。公园东北部利用原有的荷塘开挖成自然形态的水池，并在池内筑岛修堤，形成大小不一的三个水面，营造花繁鱼跃的红鱼池景区。公园中部原为松林湾坟地，利用起伏的小丘陵堆叠土山石，形成公园制高观景点牡丹园。西侧与南侧港道区则用狭长的水面形式将水系与西湖贯通，在公园的西南角错落交织形成水网后从东北面流入小南湖，营造出"港"的氛围。

5. 理微

蒋庄

（1）建筑　花港观鱼公园建筑总面积约占绿地总面积的3％。公园原有蒋庄和魏庐两处建筑群，蒋庄设计为文化教育的展览室。魏庐建筑群由重檐歇山顶的清庐堂、单层歇山寻梦轩、撷秀亭以及连廊、正厅组成，坐落于内有自然水池的围合式庭园内，是公园的另一赏鱼佳处。除这两处原有建筑群外，公园其他景区建筑亦具鲜明特色。公园文娱厅大草坪视野开阔，为了弥补草坪空间过分开朗的缺陷，将全园最大的建筑文娱厅（即翠雨厅）临湖布置，作为这一空间的主景，同时利用长廊将这一部分草坪与广阔的湖面分隔开来，起到分割空间与漏框景色的作用。

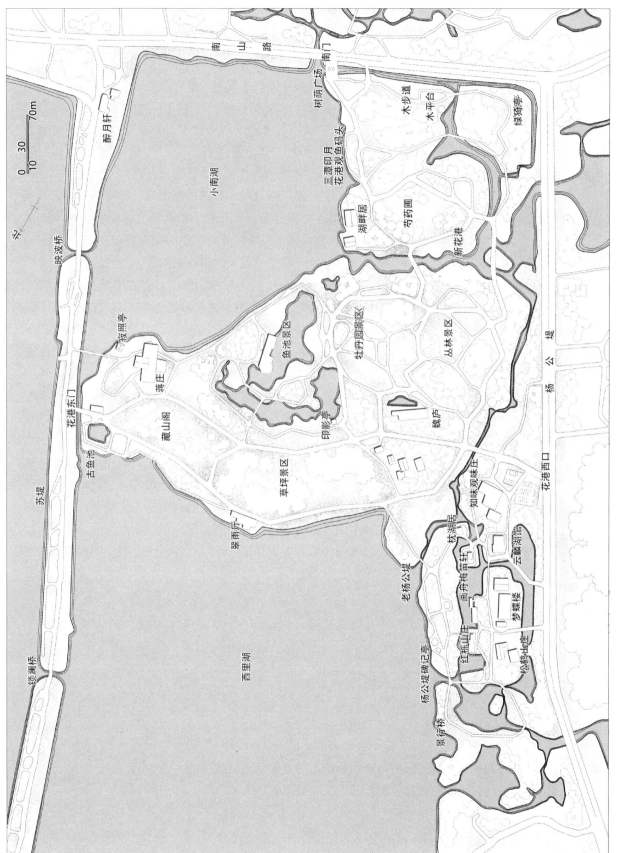

花港观鱼平面图

牡丹园为了使游人在参观牡丹后能及时得到休息，在可远眺的山顶上设置了一座牡丹亭，同时也作为全园立面构图的制高点。为了弥补红鱼池闭合空间层次单一的不足及打破其面积不大的约束，以三组建筑断续环抱中央鱼池，使鱼池划分为二重空间，获得层次丰富又不过分闭塞的效果。

（2）交通与场地　花港观鱼公园由于两面临湖，因此主要出入口有两处。东出入口设在苏堤边，西出入口则设在西山路边。公园内道路主要分三级，主干道宽约 3 m，由东出入口入园，把蒋庄、雪松草坪、红鱼池、牡丹园、密林区等联系起来，然后与西出入口衔接。二级园路宽约 2.5 m，主要有石板错缝横铺或冰裂纹铺设两种形式。三级园路宽 1.8～2.2 m 不等，有木栈道、乱石全铺、条石汀步、砾石散铺等多种形式。

牡丹园道路
与植物

红鱼池中水面占有较大比例，而游人密度又大，相对地，其绿地面积就显得较小，难以铺设草地供游人活动，因而设计了面积约占 40％的广场道路。牡丹园采用纵横交错的小道将全园划分为 18 个小区，游人可方便地在每个小区近距离欣赏每株牡丹的花姿。从远处观望假山园牡丹，小道低隐于牡丹花下，避免了因道路布设而对牡丹园整体效果的破碎切割。

（3）植物配置　花港观鱼公园植被种植主要有孤植树、树丛、林带、空旷草地、稀树草地、草地疏林、密林、庇荫铺装广场、行道树等多种形式。全园乔灌木覆盖面积达 80％，发挥了良好的夏季遮阴降温作用；大草坪面积占 13.45％，提供了良好的绿色开放活动空间。全园以广玉兰为基调树种，把各分区景色统一起来，而各分区又在与全园统一基调的基础上形成了各自的主题特色。

红鱼池植物

牡丹园以牡丹为主景，同时选用花期与牡丹不同的杜鹃等配景花木，以槭树、针叶树混交配置为基调，构成全园树种的构图中心。红鱼池景区要求景色华丽，选用以海棠、广玉兰为主的观花乔木，还包括樱花、紫薇、碧桃以及紫藤等，并在临池水边混交栽植色彩绚丽的花木和水生、湿生花卉。除花木以外，还选用了树冠开展的大乔木，以起到庇荫及降低气温的作用。牡丹亭东南侧坡辟设自然平台一处，其旁栽植古梅一株，梅树下有用黑白乱石仿梅树姿态铺砌而成的树形图案，犹如梅之倒影，取宋代诗人林逋"疏影横斜水清浅，暗香浮动月黄昏"的意境。草坪区则

雪松大草坪

要求开敞辽阔、构图简洁，选用体型较大的雪松为基调树种，同时配以栽植小片纯林。花港一带为起到屏障作用，采用阔叶常绿树种为基调树种并连续种植。此外，各分区之间不同的植物景观并非突然分界的，而是呈逐渐过渡分布的。

（四）实习作业

①牡丹亭、红鱼池各速写一幅。
②实测大草坪区并绘制平、立面图。

（五）思考题

①思考花港观鱼公园古迹保护与游憩休闲需求是如何进行统一的。
②简述花港观鱼公园中牡丹园的设计方法与特点。

（编写人：刘文平）

藏山阁大草坪 黄子秋摄影

观鱼廊 黄子秋摄影

红鱼池植物 郑舒文摄影

牡丹园道路与植物 郑舒文摄影

牡丹园 吴文呈茜摄影

蒋庄 李光懿摄影

三、三潭印月

（一）背景介绍

三潭印月

三潭印月又名"小瀛洲"，西湖外湖中最大的一个岛，人工堆积而成，面积 7 hm²，其内水面占 4.2 hm²。岛内南北有曲桥相通，东西以土堤相连，桥堤呈"十"字形交叉，将岛上水面一分为四，水面外围是环形堤埂，从空中俯瞰，岛上陆地形如一个特大的"田"字。从西湖的整体布局来看，三潭印月为沿湖各风景点对景的焦点，其作为主岛，又与客岛"湖心亭"、配岛"阮公墩"构成"一池三山"的中国古典园林经典湖岛布局模式，在西湖十景中独具一格，为我国江南水上园林的经典之作。

后晋天福年间（936—943）在三潭印月现址附近始建水心保宁寺。北宋年间，杭州知州苏轼疏浚西湖，为防水体淤塞，于湖中立三塔为标记，严禁在三塔内种植菱荷，三塔后毁。明万历三十五年（1607），钱塘县令聂心汤取湖中葑泥在岛周围筑堤坝，初成湖中湖的格局，又筑三塔于今址。现今三塔约为清康熙三十八年（1699）重建。清雍正五年（1727），浙江总督李卫筑东西土堤，又设曲桥于鱼沼之上，连通南北，池中植荷，池周植木芙蓉，由此形成清代西湖十八景之"鱼沼秋蓉"胜景。

（二）实习目的

①体会"巧于因借，精在体宜"的造园思想。
②理解园林空间序列起承转合、步移景异的组织手法。
③学习造园中常用的岛屿营造方法。

（三）实习内容

1. 明旨

"苏轼留意西湖，极力浚复，于湖中立塔以为标表，著令塔以内不许侵为菱荡。旧有石塔三，土人呼为三塔基名。胜志云，旧湖心寺外三塔鼎立，相传湖中有三潭，深不可测，故建浮屠以镇之。塔影如瓶，浮漾水中，明弘治间毁，万历间浚取葑泥，绕潭作埝，为放生池。池外湖心仍置三塔以复旧迹，月光映潭，影分为三，故有三潭印月之目。"

由此可见，三潭印月之景源于自宋代以来人们对西湖掇山理水的累世经营，在不断改造自然的同时，也借宜成景。

2. 相地

三潭印月位于西湖西南水域，邻近苏堤望山桥与锁澜桥，包括小瀛洲岛及南面三座石塔。明代用清淤的湖泥堆出主岛小瀛洲，主岛体量大而疏浚的湖泥不足，岛内做"田"字形堤埂，形成

"湖中有岛，岛中有湖"的山水格局和复层水面。为了防止荸草在淤泥处蔓生，以石灯塔三点控制一片水域的水深，又创造了三潭印月——湖中湖，岛中岛，园中园，面面有景，环水抱山之景。

从整个西湖的布局来看，西湖三面环山，三潭印月为沿湖各风景点对景焦点。小瀛洲与阮公墩、湖心亭并称西湖"蓬莱三岛"，其中小瀛洲为全湖最大的人工岛，可舟游、可陆游，极大地丰富了水面的空间形态与游赏内容。

3. 立意

乾隆十六年（1751）春，圣驾巡幸杭州，御制三潭印月诗："湛净空潭印满轮，分明三塔是三身。禅宗漫许添公案，万劫优昙现圣因。""于池上构亭，恭悬圣祖御书匾额，复建一亭于池北以奉御碑。内置高轩杰阁，度平桥，三折而入，空明宵映，俨然湖中之湖，夜凉人寂，孤艇沿洄泂可濯魄洗心、顿遣尘虑也。"

4. 布局

三潭印月总体布局呈"田"字形，景观层次丰富，空间旷奥多变，借景运用灵活。环岛堤埂近方形，周长约 1 km，划分内外湖面，东西南北各段布置有亭、台、楼阁、码头等不同功能与形式的点景建筑。北面中间的建筑为小瀛洲，为一座歇山式敞轩，其北面的临水平台原为码头，旁边设有石牌坊。东面设有小瀛洲东码头，由此坐船可至西湖东岸的圣塘景区。南面堤埂中段设有我心相印亭，与小瀛洲构成"田"字形景观南北主轴线的端点，其南边外侧的湖面中即为今日的"三潭印月"三塔。西面堤埂设有两处码头，分别是近北边可达孤山的青少年宫码头和近西南侧可达花港观鱼处苏堤的三潭印月码头，由此从西湖沿岸各向都可乘船上岛。

小瀛洲

三潭印月南北主轴线从北向南依次布置小瀛洲—先贤祠—亭亭亭—"卍"字亭—鱼沼秋蓉—小瀛洲岛—御碑亭—我心相印亭。小瀛洲与先贤祠南北正对，先贤祠西侧是九曲桥。九曲桥蜿蜒转折，步移景异，由南折向东处为三角形的开网亭。开网亭向东的折桥上又有一座桥亭，即亭亭亭，其南面水中有九狮石。九曲桥尽头是新复建的"卍"字亭，"卍"字亭并不与先贤祠正对，其东侧有一段青瓦粉墙，墙上开有洞门，门额题名"竹径通幽"，上嵌花窗。洞门口一条园路通往竹林深处的闲放台，"闲放"之名出自清康熙朝大学士高江村的诗句："圣朝休甲兵，吾其得闲放。"这一组园池亭桥是整个岛区空间最富于变化的境域。"卍"字亭向南，有恢复的清西湖十八景之一的鱼沼秋蓉。再向南行，在南北、东西堤桥的交汇处为一湖中岛，布置有迎翠轩、木香榭、花鸟馆等建筑。由岛向南又为一段曲桥，曲桥中部是康熙题名的"三潭印月"御碑亭。曲桥尽头是一座敞亭——我心相印亭。从我心相印亭南望，是三潭印月石塔，三塔对称地布置在全岛的南北轴线上，使轴线进一步向外延伸。

九曲桥、
开网亭、
亭亭亭、
九狮石

三潭印月东西主轴相较于南北轴线则设计简练，主要为一顺直土堤，仅在与南北轴线相交的湖中岛上布置有园林建筑，其余则以植物造景为主。环岛园路与"十"字形堤桥组成主要游览线路，通过堤、岛、曲桥组织划分空间，营造出旷奥有致、借景丰富的园林景观。

竹径通幽

迎翠轩

御碑亭

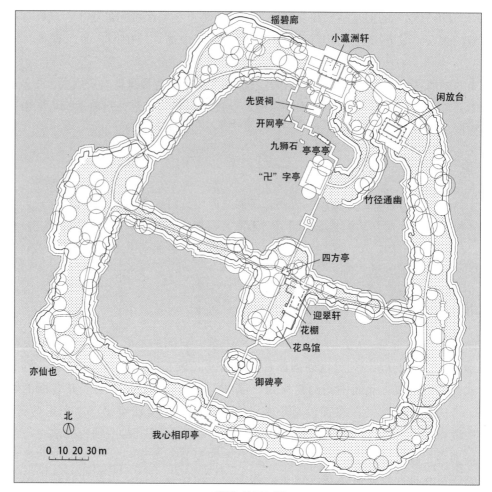

三潭印月平面图

5. 理微

（1）堆岛开池　三潭印月是西湖十景之一，它是一个湖中之岛，即小瀛洲，位于外西湖的西南侧，形态奇特：湖中有岛，岛中有湖。其实岛内的陆地很狭小，仅几条堤，形如一个"田"字。

早在北宋元祐四年（1089），苏轼在杭州任职期间，疏浚西湖，为了不使湖底之泥再淤积，便在堤外水深处建三座瓶形石塔，此处即名为"三潭"。并下令在这三塔以内，不许植菱荷茭蓬。后来此三塔屡经毁建。从元代到明初的一百七十年间，朝廷对西湖均采取废而不治的态度，三塔区由于泥沙冲积成了沙洲，其上建有保宁寺（中、南两塔之间）和湖心寺（北塔旁边）。

直到明万历三十五年（1607），钱塘县令聂心汤支持莲池大师于中、南两塔之废墟上，东西延集三百八十步，南北延袤九百步，浚取薪泥，环绕筑埂，四周插上水柳，形成了一湖中之湖，专供放生之川，称为放生池。又在保宁寺旧基上建德生堂，择僧守之，禁绝渔人入内捕捉。明天启六年（1626），在德生堂前面的南堤上造了三座石塔，故后人又称德生堂为湖心三塔寺。

西湖景图及三潭印月图

清顺治九年（1652），这三座石塔全都倒塌了。康熙三十八年（1699）于池南的湖面上建造了三座仿苏轼设计的瓶形石塔，还在球形的塔身中间各凿三个相通的圆月形小洞，故清代陈璨在《三潭印月》诗中有"冰壶抱景骊龙睡，九颗明珠夜夜圆"的诗句。三座石塔鼎立其间，谓三潭古迹，从而使之名实相符。这三潭与放生池就是今天的三潭印月。

（2）建筑营造

①轴线式布局。自明代的湖心三塔寺始，岛上主要建筑及景观都是沿南北中轴线分布的，一方面受场地自身条件的限制，另一方面也符合中国传统寺庙建筑遵循轴线布局的传统，这种影响一直持续至今。南北轴线上的建筑由曲桥连接，运用不同的曲度和平面变化延长游线，缓解平淡感，同时利用曲桥来弱化人工轴线的生硬感觉。

②建筑形式多样。随着景点的发展，建筑数量不断增加，而岛中的十余处建筑形式无一重复，这也体现了园林建筑的一大特点，即建筑的布置充分考虑与环境的呼应。例如园林中常见的亭，这里有三角亭、四角亭、六角御碑亭等不同形式。

我心相印亭

建筑平面变化丰富，且多开敞通透，彼此成对景，并使用粉墙漏窗创造空间，使内外空间相互渗透。岛南我心相印亭正对湖中三塔，站在我心相印亭后的石桥上，正好能从门洞和两侧的漏窗中看到三塔，颇为精妙有趣。岛北小瀛洲轩前视野开阔，可北望湖心亭、阮公墩、孤山等。

（3）植物配置　全岛利用植物进行空间组织，形成或开敞或郁闭的空间效果。沿堤岸种植大量的常绿树，如香樟、女贞、松、柏、含笑、桂花等，形成一条环状常绿树林带包围全岛，从岛外看岛内林木茂密，林缘线丰富；从岛内看则遮住西湖与远山，防止外部景观的干扰。在扇面亭处则正好相反，以树丛作为亭子的背景，遮挡岛内风光，使人更好地欣赏西湖万顷波涛之壮景。于竹径通幽处密植翠竹，分隔出相对独立的空间。

依据清代记载，三潭印月以柳树、木芙蓉、枫树、荷花为主要特色植物。沿堤种植柳树，环池植有木芙蓉，花鸟馆旁以羽毛枫为背景形成自然植物花境，内湖水面种植荷花与睡莲组成夏季特色水景。植物配置还特别考虑中秋赏月景致，多栽种具有秋季观赏效果的小檗、红叶李、枫树、紫薇、桂花、木芙蓉和菊花等园林植物。

（四）实习作业

①测绘三潭印月景区平面图，重点分析三潭印月的湖中湖、岛中岛这一特殊布局形式，及东西、南北两条轴线的形成方式。

②任选岛内建筑、桥、亭两处速写二幅，注重表现三潭印月自身及其与整个西湖景区的借景关系。

（五）思考题

①分析三潭印月中园林要素间的视距关系及借景手法。

②分析三潭印月中有哪些岛屿的营造方法，及岛屿与其他陆地的联系方法。

（编写人：杨　璐　丁静蕾）

清董邦达西湖景图

迎翠阁等 张斌摄影

清董邦达三潭印月图

亭亭亭 张斌摄影

九曲桥、开网亭 张斌摄影

四、西泠印社

（一）背景介绍

西泠印社社址位于西湖孤山西麓，南至白堤，西近西泠桥，北邻里西湖，面积约 0.7 km²，大小建筑面积共 1 700 hm²，为国家重点文物保护单位。因印人集社、社址临近西泠桥，得名"西泠印社"。印社缘山而筑，山麓、山腰、山顶三部分各具特色。全园与远山近湖融为一体，泉石花木得天然之趣，亭台楼阁错落有致，摩崖石刻点缀其间，布局精巧。西泠印社人文与天然景观兼得，堪称"西湖景之首"。

山麓柏堂、竹阁原为唐宋时期的旧迹，1876 年重建。1904 年，浙派金石书画家丁仁、王禔、叶铭、吴隐等四人修契立约，在柏堂之后芟除荒秽，拓地数亩，发起创建西泠印社。1905 年在山腰筑仰贤亭。1911—1913 年，在山腰扩建"小盘谷"，筑石交亭、山川雨露图书室和宝印山房，建"鸿雪径"，疏浚印泉。1914—1915 年，在山顶建题襟馆、剔藓亭，山腰筑遁庵，凿潜泉。1919 年，在山腰建还朴精庐、鉴亭。1920—1923 年，主要营造山顶部分，先后建成观乐楼、闲泉、汉三老石室、小龙泓洞和鹤庐。1924 年，筑凉堂，迁四照阁于其上，在四照阁原址上兴建华严经塔。二十年擘画经营，终成大筑。其后虽经战乱及"文化大革命"破坏，园林格局基本沿袭初制，传承至今。现存建筑十六处，其中堂、室、楼、房、庵、馆、庐、塔各一，阁、廊各二，亭四，其他主要构筑物有花架、经幢、山洞各一，石坊二，雕塑三，泉池五。

西泠印社首任社长为近代艺坛巨擘吴昌硕，盛名之下，天下印人翕然向风，精英云集，入社者均为精擅篆刻、书画、鉴藏、考古、文史等之卓然大家。西泠印社为我国现存历史最悠久的文人社团，也是海内外成立最早的金石篆刻专业学术团体。

（二）实习目的

①体会"因山构室、缘石成景"的理景意匠。
②理解山地园起承转合的空间序列的组织手法。
③学习山地园的理景手法。

（三）实习内容

1. 明旨

不同于其他私园，西泠印社为多名金石之士共同集资筹建，"永为社产，不私所有"。因"有感印学之将湮没"，印社以"保存金石，研究印学"为宗旨，建成"草木土石水泉之适，山原林麓之观"（柳宗元语），可供金石学者"商略山水间，得以进德修业"（吴昌硕语）。

2. 相地

社址南接白堤，西近西泠桥，交通便利；西、南为西湖围抱，北临里西湖，南麓可直抵西湖，登顶可赏三面湖景，远山近湖尽入眼帘，可谓风景佳处；山麓原有柏堂、竹阁，山腰有数峰阁（后不存），山顶有宋代四照阁、凉堂旧迹，不乏人文之资；孤山多峭壁奇石，有多处泉水，印社草创之初有竹（阁）、梅（屿），自然资源良好；社址草创时的地产为印社创始人丁仁的祖产，可谓地利。

3. 立意

（1）构园立意　面面有情，环水抱山山抱水；心心相印，因人传地地传人。

"西泠印社四照阁悬挂着此联，细赏之，方悟印社选址之要也，当为湖上园林之冠。造园家于选址一端，列入首要，立意第一。坐四照阁，全园之胜、西湖之景尽入眼底，全人人怀矣，至此益证建社时主持者学养之深。社之景以阁为主，全园环此而筑。远眺近观，俯仰得之，耐人寻思。造园有天然景观，有人文景观。两者兼有者，湖上唯此而已，所谓有高文化之景区也，宜其永留不朽也。故予以景可寻，耐人想，观之不尽，西湖景之首也。"

（2）问名晓意　西泠印社——惟印是求，即以为社。社因地名，遂曰西泠。

山麓部分：

柏堂——宋代古迹，因堂前有古柏二株而得名。

竹阁——唐代古迹，传为白居易筑，取自其诗《宿竹阁》"晚坐松檐下，宵眠竹阁间"。

莲池——原名小方壶。

山腰部分：

仰贤亭——博考志承，追踪往哲。

山川雨露图书室——取自清代金石学家翁方纲联题《常熟逍遥游》："山川雨露图书室；风月琴樽水竹居"。

宝印山房——赵之琛书额，因袭用其名。

石交亭——与石交友，因石而交。

鸿雪径——取自苏轼诗"人生到处知何似，应似飞鸿踏雪泥"。

小盘谷——溪谷幽深，石径盘旋。

遯庵、潜泉——以创建人吴隐字号名之。

还朴精庐——还朴反古之精舍。

鉴亭——以捐资人吴善庆父字命名，有鉴石之意。

山顶部分：

四照阁——沿用宋旧迹名，眺望湖山极佳处。

题襟馆——雅号移称，与沪上书画组织的书屋同名。题襟馆又名隐闲楼，取苏东坡诗意。

闲泉——因隐闲楼得名。

鹤庐——以创建人丁仁号命名。

小龙泓洞——清代金石学家丁敬号龙泓，因之命名。

剔藓亭——取自韩愈《石鼓歌》"剜苔剔藓露节角"。

汉三老石室——因室内藏"汉三老讳字忌日碑"名之。

观乐楼——取自吴氏祖先的典故"季札观乐"，现名"吴昌硕纪念室"。

4. 布局

西泠印社用孤山山林地，借景西湖，因山构室，是计成《园冶》造园思想的践行："园地惟山林最胜，有高有凹，有曲有深，有峻而悬，有平而坦，自成天然之趣，不烦人事之工。入奥疏源，就低凿水，搜土开其穴籣，培山接以房廊。"印社场地平面不规则，相对高差约 20 m，山麓、山顶地势较为平坦，山腰坡度约为 1：2，在造园过程中，因循地势，辟出山麓、山腰、山顶三个层次。山麓为变形的三合院，进入院落便与西湖隔绝开，空间内向。山腰建筑沿山体排开，借景西湖，可享山林之幽静。山顶有完整的园林空间，且可以眺望西湖，空间独立，小中见大。

按空间序列可分为"起景—承景—主景—结景"四个景区。起景区在山麓，地势较平且空间局促，以院落空间布局，理景以建筑为主，柏堂坐北，竹阁和印廊弼其右，碑廊辅其左，前开莲池，隔池为入园景墙。东、西、北三面建筑合抱，南面景墙障景，以莲池为中心，围合形成水庭。柏堂之外，阁廊曲折变化，楼间角隅构成小庭，造景实中见虚，以静观为宜。柏堂高踞台基，既构成山麓景区的主景，又形成后面景区的障景——柏堂之后，林木建筑仅略见绰影。

起景区

承景区在山腰，地势陡峭，空间横向延展。景区主体建筑群——山川雨露图书室、仰贤亭和宝印山房横居半山，绿树掩合，难见全貌，自山麓有三条磴道可达。磴道入口隐于柏堂之后，东、中、西各一，其中西口最显，有石坊"藉导游人登山之兴"，上可见石交亭掩于翠篁之中，折行则见山川雨露图书室，经仰贤亭北上，有"印泉"对景。泉池前路分为二，西路蛇行可至"小盘谷"，东路缘"鸿雪径"石级而上，对景可见凉堂，因花架覆顶，凉堂之上的四照阁还尚不得见，经凉堂，折北拾级而上，仰观仅见华严经塔，登顶则豁然开朗。承景区林木繁盛，建筑点缀其间，空间承转变幻，柳暗花明，有动观之趣。

承景区

主景区在山顶，东西长而南北短，地势有高有凹，山岩有峻有悬，得天然之趣。建筑占边守角，中间整地开池，临岩铺路凿洞，空间整饬有曲有深，蔚为大观。自山腰"鸿雪径"登上山顶，转入主景区，空间豁然开朗。东北望题襟馆和鹤庐，黛瓦素墙，踞岩映翠，下临闲泉。北望华严经塔，玲珑玉立于峭壁之上。馆、塔之间为石岩屏障，中有"小龙泓洞"可通后山，空间灵动。西北望观乐楼（吴昌硕纪念室），朱栏明窗，青树翠蔓，倒影文泉。西望汉三老石室，浑朴高古。四栋建筑虽体量悬殊，形式不同，但借得地势高下和林木映衬，构成连绵长卷。主景区东、西、北边界总体用实，围合空间。南面总体用虚，以览湖山之胜。南面一侧，"鸿雪径"路尽往西为剔藓亭，往东为四照阁。华严经塔所在地原为四照阁，后四照阁迁至凉堂之上，阁内即可赏全园之胜，又可览西湖之景，远吞山色，平挹湖光。此可谓两得之举：其一使华严经塔得以统摄主景区，其二使四照阁更靠近西湖，视线勾连内外，构成印社园林的灵魂。主景区空间开合变化，建筑疏密有致，泉池收放萦绕，游径高下穿插，静观、动观两宜。

主景区

结景区在山顶西侧平台，可由汉三老石室北侧磴道下行进入。场地地势平坦，用地窄仄，造景用实，主体建筑还朴精庐和遁庵错落布局，虚其前庭。遁庵之后开有潜泉，与山顶闲泉、文泉形成呼应。精庐之西有鉴亭，可西望湖山，将游园视线引向远处无尽山水。自前庭东出进"小盘谷"，宅幽势阻，峰回路转，前行可还返山腰承景区。

结景区

5. 理微

（1）建筑营造　全园建筑布局顺应地形，不拘轴线对称，平面形态灵活多变。山麓景区的建筑群，因用地限制形成变形三合院，不减端庄，反添虚实逸趣。入园景墙原为素壁高墙，门亭掩于墙后，属宅邸风格，后因作景区，高墙改低，方门改作圆门，素壁开辟漏窗，成园林意趣。还朴精庐、山川雨露图书室为利用地势，竟采用不规则平面，不拘形式，理法自在。多处建筑巧妙利用了地形高差，汉三老石室以吊脚形式架于峭壁之上，鹤庐底层门楼石砌，上层居室施素墙，

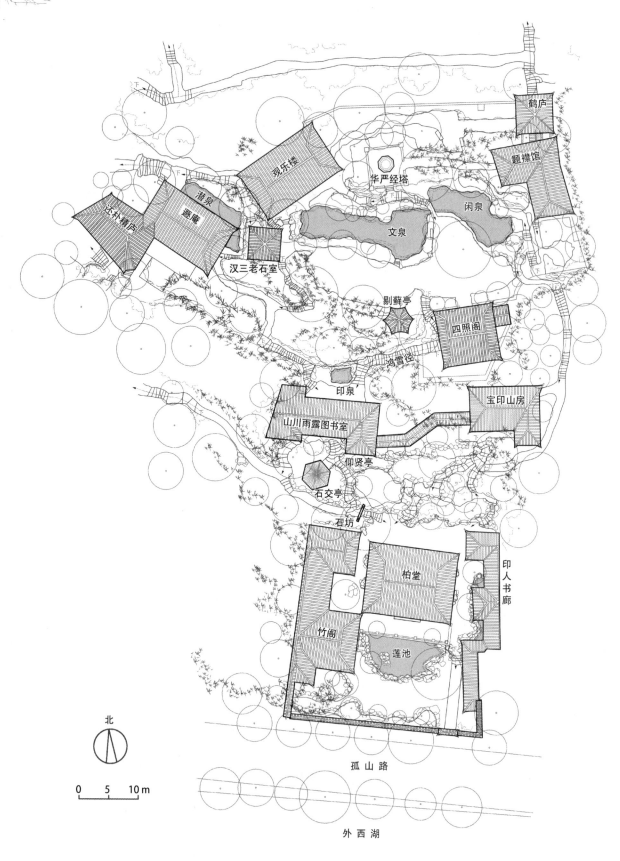

北

0　5　10 m

孤 山 路

外 西 湖

西泠印社平面图

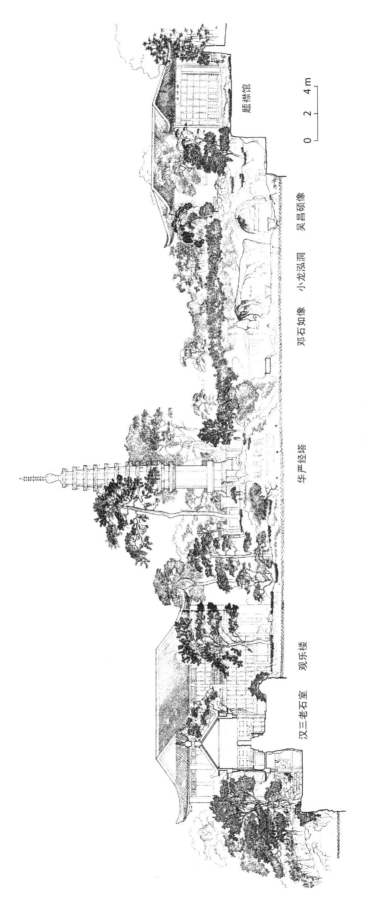

汉三老石室　观乐楼　　　　　华严经塔　　　　　邓石如像　小龙泓洞　吴昌硕像　　　　　　　题襟馆

山顶庭院东西剖立面图

0　2　4 m

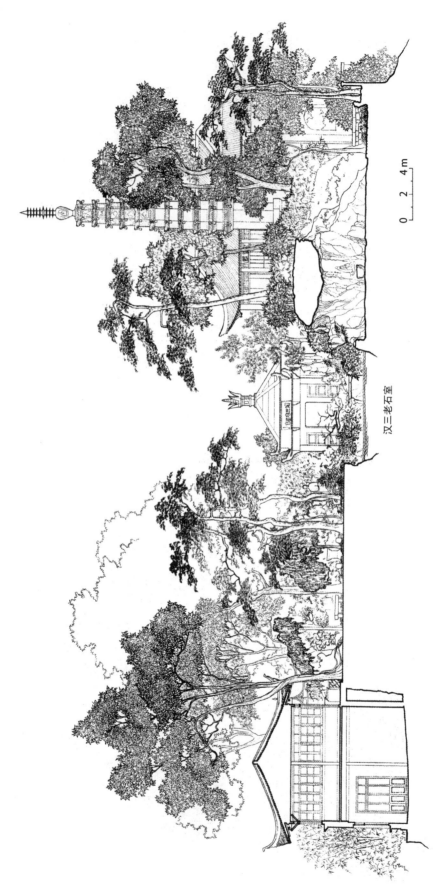

汉三老石室

山顶庭院南北剖立面图

0 2 4 m

四照阁架于凉堂之上，虚其上而实其下，均用同法，既解决高差问题，又丰富了立面，形成"上看为屋，下望为楼"的变化。

主体建筑有印学交流、小住起居、储书存石等功能需求，建筑制式多以江浙民居为范本，坡顶黛瓦，素墙朱窗，色彩素雅，体量适宜，林木映衬下见清雅。其他亦有特殊形式，汉三老石室重檐四角攒尖，石结构，宝顶外形仿吴越宝箧印经塔（阿育王舍利塔），造型稀见（孤山中山公园内尚有宝箧印形式的亭），制式古朴。华严经塔属经幢石塔，八面十一层，比例匀称，体态玲珑，为经幢塔中的精品。山麓起脚处的"西泠印社"石坊仅两柱两坊，镌刻额题而不施雕饰，古意益然，简朴至极。石交亭、剔藓亭均以圆木搭构，制式质朴，草顶略显粗陋。

汉三老石室
与潜泉

（2）开池凿山　全园共有泉池五处：山麓莲池，山腰印泉，山顶闲泉、文泉和潜泉。建社之前已有莲池、文泉，建社后先后开掘印泉、潜泉和闲泉。莲池在柏堂前庭之下，近三角形，虚出东西两角以便交通驻足，东北有水口与碑廊水洞连通。创社之初，莲池东南角尚有湖石假山，用作障景，假山塌圮之后有老樟树代之，起隔景之用，各有风采。莲池驳岸两面用湖石，随岸作矶，映衬池潭，造景质朴，北面石栏只用栏板，不设栏杆，尺度小巧，不失古意。印泉为1911年印社界墙垮塌后意外得之，泉池极小，但"社以印泉环之，漱涤万物，牢笼百态。每当圆轮皎洁，倒浸波心一颗明珠，印泉可作印月观"，当为山腰景区之眼。山顶闲泉、文泉高低跌落，以锦带桥作津通，所谓"桥"，只是丁仁从西湖锦带桥携来的一块石墩，可谓别致。两泉位于主景区之中，东西延绵，分割空间，收之为溪，放之为池，形成深远层次，倒映屋宇山崖，增添了山顶灵气。潜泉不似闲泉、文泉显露，藏于遁庵之后，独得幽趣，与闲、文二泉水断而意连，共同形成山顶水系。

题襟馆和华严经塔之间为石岩，原为屏障，后开凿出小龙泓洞以通后山，此举打破北侧边界的封闭性，增加了空间层次。石洞一开，因势凿出"缶亭"等石窟，形成洞窟景观，平添金石意趣。西泠印社的洞室开凿、泉池开掘均以自然为师，岸矶、岩壁不见人工痕迹，非石匠之功，乃设计雕琢之艺，堪为典范。

小龙泓洞
及文泉

山麓泉池、花台用湖石，按城市园林做法。山麓以上凡挡墙、磴道、花池、铺地，多用黄石，与孤山岩石的石质、色彩取得一致，工艺颇为用心。

（3）植景经营　计成所谓："新筑易于开基，只可栽杨移竹；旧园妙于翻造，自然古木繁花。"西泠印社创建之初，虽有"旧园"，但均为遗迹，无"古木繁花"，现有的植物景色，是印社百年经营的结果。总体上形成了以樟树为骨干，桂花、竹为基调，各景区互有特色的植景效果。

山麓柏堂、竹阁，当以柏、竹为主。建社之初，柏堂前尚有两株成年柏树，应为晚清时所植，后死亡，新近虽有补种，但观感欠佳，盖因"杨柳虽成荫，松柏尚侏儒"。所幸当年栽植在柏堂东南和石坊旁的两株樟树生长良好，如今已成百年古树，一前一后，均繁枝如盖，为方寸院落注入古意。莲池左右有梅花二株，柏堂东、西两庭有桂花、紫薇，竹阁南庭以竹林为底，缀以山茶、杜鹃，周以湖石为花台。

山腰林木繁荫，以樟树、广玉兰为骨干，桂花、竹为基调，另有朴、槐、白玉兰各一，常绿多而落叶少。柏堂之后以鸡爪槭、山茶为主，春、秋有色。石坊一侧有老樟树，更显古意。石交亭四周、宝印山房之后尽用竹林，有隔景之妙。仰贤亭前的梅花、鸿雪径上的紫藤，均为游赏添色。唯宝印山房折廊内外桂花过多，壅塞空间，观感不足。

山顶植物种类丰富，上层有樟树、朴树、松树、栎树、榆树、柿树、枣树、桂花等乔木，下层植物有梅花、紫薇、羽毛枫、鸡爪槭、蜡梅、含笑、杜鹃等。几株高大的樟树限定山顶庭院空间，四照阁和泉池之间的樟树浓荫蔽日，起到极好的空间内聚作用。池沿水际的植物配置精细，闲泉边的羽毛枫呈柔美之态，文泉边的马尾松、龙爪槐虬枝横斜，显苍劲之气，薜荔覆岸，沿阶草垂水，绿意盎然。建筑周边植物发挥烘托作用，文泉西北一带的桂花、朴树将观乐楼掩于其后，缓解了观乐楼体量过大的观感；华严经塔周边的樟树、女贞、柿树、槲栎高低错落，常绿树与落叶树交错，衬托出经幢塔优美的轮廓。

（四）实习作业

①测绘西泠印社主景区平面图，分析竖向变化关系。
②山麓、山腰、山顶景区任选其中两处，速写二幅。

（五）思考题

①西泠印社如何通过空间经营来实现山地造园？
②分析西泠印社和意大利台地园的造园意趣。

（编写人：张　斌）

柏堂及莲池

小龙泓洞及文泉

汉三老石室与潜泉

印社石坊

华严经塔及文泉区

五、苏堤

（一）背景介绍

杭州西湖苏堤景区由苏堤和六桥、御碑及御碑亭等组成。其中最核心的是苏堤——全长约2.8 km，北起北山路栖霞岭下，南邻南屏山北麓，纵跨西湖南北两岸的长堤。堤上由南向北有映波、锁澜、望山、压堤、东（束）浦、跨虹六座古桥，压堤桥附近有御碑和御碑亭，1988年，在堤的南端建起了杭州苏东坡纪念馆。

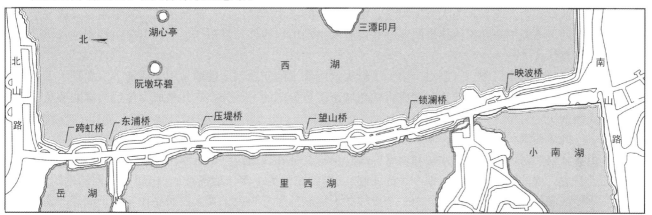

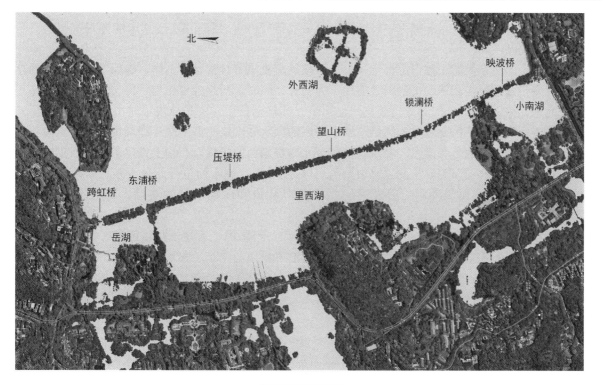

苏堤平面示意图

西湖文化景观的六大要素：①西湖自然山水。五片水域与湖的北、西、南三面丘峰。②城湖空间特征。自12世纪以来就定型的"三面云山一面城"空间布局。③"两堤三岛"景观格局——苏堤、白堤和小瀛洲、湖心亭、阮公墩三岛。④题名景观"西湖十景"——始于南宋持续演变至今的十个系列景观单元。⑤西湖文化史迹——上千年持续演变中融汇吸附的大量文化史迹及景观。⑥历史悠久和具文化特征的西湖植物。

以上几乎每一条都与苏堤直接相关，可见苏堤承载着极其丰富的历史、文化、景观信息。要认识苏堤，需先熟悉苏堤历史，也意味着要了解西湖历史。

1. 西湖治理史

距今 2 000 多年前，西湖所在地还是一个浅海湾，它的南北两山——吴山和宝石山山麓逐渐形成沙嘴，最终毗连在一起成为沙洲，沙洲西侧形成一个内湖，即为西湖，西湖基本定型约在我国的秦汉时期。当时的钱唐县在现在杭州城的西南部。

西湖成为潟湖后，与大海相隔绝，由于群山的泉水溪流注入，逐渐演化为淡水湖，变成一个普通的天然湖泊。在溪流挟带的泥沙和大量水生动植物残体的沉积作用下，迅速由潟湖进入沼泽化过程。

唐建中二年（781），刺史李泌为了解决饮用淡水的问题创造性地采用了从地下引西湖水入城的方法，开凿六井。从此，西湖成为杭州城市不可分割的一部分，它几乎成为今后西湖能够免遭湮废的决定力量。

此后西湖仍日渐淤塞、湖水渐干涸，农田苦旱。长庆二年（822），白居易出任杭州刺史，他力排众议，对西湖进行了水利和风景的综合治理。他在钱塘门外从石函桥到武林门一带修筑了一条长堤，堤的西面是上湖（即今天的西湖），堤的东面为下湖（后湮废）。白居易对西湖的疏浚，则使西湖的性质发生了变化，由一个单纯的天然湖泊发展为人工湖。白居易作为造诣颇深的园林理论家和文人造园家，在疏浚西湖的同时，沿湖岸大量植树造林、修建亭阁以点缀风景。西湖得以进一步开发而增添风景的魅力，以至于白居易离任后仍对之眷恋不已："未能抛得杭州去，一半勾留是此湖。"

五代十国时期吴越王钱镠定都杭州，使西湖的疏浚成了日常维护工作，确保了西湖水体的存在。杭州与西湖唇齿相依的关系较之前代更为明显，同时，西湖胜景作为一种文化延续了下来。

北宋元祐四年（1089），苏轼赴杭州任知州。苏轼上任后，首先疏浚了城中的茆山、盐桥二河，建造堰闸；然后恢复六井，满足了城中居民的饮水和洗涤之需。次年即调集大批民工浚治西湖，并用挖出来的葑草和淤泥，堆筑起自南至北横贯湖面的长堤，在堤上修建了六座石拱桥，堤岸上种植了杨柳和花草等，从此"北山始与南屏通"，而西湖水面也开始分为东、西两部分，堤的西面叫里湖，东面叫外湖。后人为纪念苏轼对杭州和西湖治理的功绩，将这条长堤称为"苏堤"。

明正德元年（1506），杭州知府杨孟瑛力排众议，组织民工大规模疏浚西湖，使西湖的面积保持在 7.5 km² 左右。并建起杨公堤，堤上亦建有六桥以通湖水，称里六桥。

元明时期以后，杭州的地下水质已逐渐转好，不再是斥卤之地，而下游农田的灌溉也逐渐不再依赖西湖水源。但西湖作为风景名胜早已深入人心，此后对西湖的疏浚，特别是清代以后，主要就是观景的需要。

现在的西湖南北长 3.3 km，东西宽 2.8 km，湖体轮廓近似椭圆形，周长 15 km，面积 6.03 km²。除去湖中小岛、长堤、孤丘，水域面积约 5.66 km²。湖底较平坦，水深平均在 1.5 m 左右，最深处 2.8 m 左右，最浅处不到 1 m。注入西湖的主要溪流有金沙港、龙泓涧、长桥溪。西湖引水工程钻地穿山，引来钱塘江清流。调节西湖水位的主要出水口，一是圣塘闸，经圣塘河流入运河；一是涌金闸，经浣纱河地下管道，流入武林门外的城河。2002—2003 年，西湖西进工程向西延拓水面 70 hm²，重修了杨公堤，恢复了茅家埠、乌龟潭、浴鹄湾、金沙港等水域。

2. 苏堤的今昔演变

北宋元祐五年（1090）四月二十九日，苏轼向皇帝宋哲宗呈报了《杭州乞度牒开西湖状》的奏议，奏议中提道："熙宁中，臣通判本州，则湖之葑合，盖十二三耳。至今才十六七年之间，遂堙塞其半。父老皆言十年以来，水浅葑合，如云翳空，倏忽便满，更二十年，无西湖矣。使杭州而无西湖，如人去其眉目，岂复为人乎？……臣愚无知，窃谓西湖有不可废者五……"仅隔了五天，苏轼又写奏议《申三省起请开湖六条状》，提出了全面疏浚西湖的具体方案。不久朝廷准奏，苏轼即择吉日开工。数月之后，葑草尽除，葑田拆除并深挖，挖出大量的葑泥于湖中偏西的地方筑成了连接南北的长堤，将湖一分为二，西面称里湖，东面称外湖。这便是最初的苏堤。

元祐六年（1091）林希继任杭州知州，为纪念苏轼治理西湖之功绩，于是题名此堤为"苏公堤"，亦称苏堤。杭州人深深怀念苏轼，在他离去不久，就在苏堤上建苏公祠。然而"其后禁苏氏学，士大夫多媚时好，后十年，郡守吕惠卿奏毁之"，南宋以后才得以恢复。

关于苏堤的历史和景观，在南宋的《梦粱录》中已有记述："元祐年东坡守杭奏开浚湖水，所积葑草，筑为长堤，故命此名，以表其德云耳。自西迤北，横截湖面，绵亘数里，夹道植花柳，置六桥，建九亭，以为游人玩赏驻足之地。咸淳间，朝家给钱，命守臣增筑堤路，沿堤亭榭再一新，补植花木。向东坡尝赋诗云：'六桥横绝天汉上，北山始与南屏通。忽惊二十五万丈，老葑席卷苍云空。'"苏堤在诸多的史书上均有记述，除《梦粱录》外，还有元初的《武林旧事》、明代的《西湖游览志》等都有所记。

南宋乾道年间，宋孝宗"命筑新堤"，重修了苏堤，咸淳五年（1269），南宋朝廷又专门拨款，命临安府郡守潜说友进行修复，据文献记载，当时"载砾运土，填洼益库，通高二尺，袤七百五十八丈，广皆六十尺。堤旧有亭九，亦治新之，仍补植花木数百本"。此外，朝廷又先后在堤上修建了先贤堂、三贤堂、湖山堂等建筑，以纪念先贤。

明初，苏堤因岁久得不到及时的整修，在湖水的侵蚀下损坏严重。加之成化以前，里湖已全部成为民间的产业，六桥之下水流成线，再也看不到昔日的美景佳致了。直到正德元年（1506）郡守杨孟瑛浚湖时，才对苏堤作了修复，两边种植了上万株杨柳，并将其往西延伸抵北新堤为界。由此，苏堤虹梁横亘，顿复旧观。但时隔不久，堤坝又逐渐损毁，堤上的柳树也不断枯败病死。至嘉靖中，县令王钺又派人夹堤种植桃柳，并且模仿唐代白居易的前法，规定凡犯轻微罪行的犯人，可以通过在苏堤上种植桃树来减轻罪行，被后人赞为"真治湖一良法"。后来堤上的桃柳又为兵燹所砍伐殆尽。至万历二年（1574），盐运使朱炳如重又在堤上种植杨柳。到崇祯初年，堤上树皆以合抱。到了明末清初，苏堤高度和宽度都比原先降了不少，不过堤上的风光依然不错，"编桃插柳""种芰栽莲"。

清初，苏堤因年久失修，呈现出"外六桥头杨柳尽，里六桥头树亦稀"的衰败景象。好在后来康熙皇帝数次南巡，多次临幸西湖，因此苏堤也得到了较大的整治。康熙三十八年（1699）南巡，第二次驻跸杭州时，御书"苏堤春晓"为十景之首，建楼于望山桥南。雍正二年（1724），诏令开浚西湖，增培苏堤和白堤的堤岸，在两堤上补种桃柳。雍正四年（1726），浙江总督李卫鉴于苏堤一向易受湖水啮蚀，基址日削，遂将所挑浚的西湖葑泥堆积在苏堤上，而且比原先增高了三尺，拓宽了尺许，"视白堤一倍"。堤上曾建有三贤堂、湖山堂、仰高堂、水仙王庙等，后来又在压堤桥头建有曙霞亭、御书楼、御碑亭等，亭台楼阁金碧辉煌，掩映在绿树红花之间，美不胜收。同治年间，太平军进攻杭州时，堤上所种的桃柳大多为士兵所戕。此后，随着清政府提倡实业，苏堤上的杨柳均被砍伐殆尽，附近的百姓和僧人纷纷在此垦荒种菜，满植桑树，甚至还在堤上放牧，屡禁不止。

民国以后，杭州市政府力图改变苏堤的惨淡状况，对其进行整修。1927年，在苏堤两岸建筑石碛，或打桩编篱，将堤身加宽，中间铺设水泥路，路的两旁还种上了花草树木，并加筑亭台楼阁。1934年，杭州大旱，西湖几近干涸。杭州市政府值此机会疏浚西湖，并对苏堤进行了大规模改造，以所疏浚的葑泥扩增苏堤的堤身，并尽除桑杞，补种了不少桃树、柳树、棕榈等树木，破旧的御碑亭也油漆一新，并在望山和压堤两桥之间开辟了苏堤公园，以供游人赏景休憩。同时，还在堤上修筑马路。为便于汽车行驶，还拆除了堤上星罗棋布的石亭、石桥和石阶等，改成了沥青浇铺的平坡。

在抗日战争期间，日军将苏堤上的杨柳和桃树砍伐后，改种樱花，消除苏堤自古以来"间株杨柳间株桃"的传统景观。抗日战争胜利后，当时的杭州市市长周象贤把苏堤上的樱花全部移植他处，并在苏堤上补种桃花。

新中国成立以后，1950年就开始加高加宽苏堤的堤身，修筑沿湖游步道，设置座椅。此后，在1953年、1954年、1957年、1965年又陆续对西湖的石塘进行了局部治理，苏堤堤面上浇铺了沥青路面，还修建了三座精致的亭榭。近10年来，随着西湖综合保护工程的开展，对苏堤的整修工作也同时进行，经过精心的改造，如今的苏堤已焕然一新。

照片

抗日战争前的苏堤

（二）实习目的

①苏堤是人文和自然完美结合的典范，了解西湖和苏堤的独特历史价值和景观价值。
②体会苏堤在西湖风景区"两堤三岛"景观格局中的地位和价值。
③体会大尺度的园林空间感，苏堤望西湖全景，各景区望苏堤，学习苏堤在增加园林景观层次上的手法和作用。
④考察苏堤的植物配置，体会如何创造不同季节特色分明的植物景观，以及植物景观所承载和传递的文化和历史信息。

（三）实习内容

1. 明旨

①重构西湖格局。苏堤沟通南北交通，东西划分西湖水域，形成了西湖"两堤三岛"的格局。它将湖面分出层次，主水面在东，次水面在西，一大一小，层次分明。

②于湖面之上辟绝佳赏景地。苏堤无非堤桥，间置几个亭子。行于苏堤之上，犹如在山水画卷中。

③为西湖之景增桃柳相配。整个堤以桃树和柳树为主要的观赏对象，尤其是六桥烟柳，所谓"袅娜纤柳随风舞"就是这样的意境，透过树影看到四面的山水美景，实是一种享受。

④"极目所至，俗则屏之，嘉则收之。"苏白二堤在借景、对景的造景手法上可谓运用合宜。近可借花港观鱼、曲院风荷、杨公堤，中可借湖中三岛和夕照山上的雷峰塔，远可借北山和西面群山。西湖的湖面辽阔旷远，配以透景的手法，形成湖和园子相互掩映、相互借势的效果。

⑤吊古寻幽感受人文魅力。自苏轼始，千年来引发无数文人的情怀，留下不尽的华辞美赋，使苏堤成为一种美的文化符号。

2. 相地

西湖周围的群山，属于天目山余脉，根据岩性差别和山势高低，可分为内、外两圈。外圈有北高峰、天马山、天竺山、五云山等，属高丘陵地形，山体主要由志留纪、泥盆纪岩屑砂岩、石英砂岩构成，岩性较坚硬，不易被风化侵蚀，是西湖泉水最多地带。内圈有飞来峰、南高峰、玉皇山、凤凰山、吴山等，山势较低，属低丘陵地形，山体均为向斜山地，主要由石炭、二叠纪石灰岩构成，易受水流溶蚀，形成了烟霞、水乐、石屋、紫来、紫云等溶洞。周边群山中的吴山和宝石山像两只手臂，一南一北，伸向市区，构成优美的杭城空间轮廓线。

北宋元祐五年（1090），西湖出现了贯通南北、全长 2.8 km 的长堤——苏堤。苏堤堤身用疏浚西湖时挖出的湖泥堆筑而成，现今是一条林荫大道，贯穿西湖南北风景区。苏堤南起南屏山北麓，北到栖霞岭下，全长共 2 797 m，堤宽 30～40 m。苏堤位于西湖的西部水域，距湖西岸500 m，距湖东岸约 2 300 m，把湖面分为西小东大的两部分（面积比约 1：5），范围约9.66 hm²，高出湖面 0.4 m 左右。在风景园林史上，苏堤是一条难得的完整保存千年、有确切年代记述、人工构筑的长堤。

南宋末《梦粱录》卷十二明确记载，苏堤经过孤山抵达北山（即今宝石山），共有桥六座：孤山南侧四座，孤山北侧两座。北侧两座分别为涵碧桥、孤山桥，是苏堤之前连接孤山的唯一通道。《咸淳临安志》记载此段"孤山路"至宋末都未更名。元代杭州人张雨《句曲外史贞居先生诗文集》之《孤山记》也说："山之南苏堤也！"而今之苏堤却在孤山西。明代《永乐大典》中记载更详尽："当轼开湖时，筑堤其上，自孤山抵北山，夹道植柳，后人思其德，因名曰苏公提。其后禁苏氏学，士大夫多媚时好，郡守吕惠卿奏毁之。乾道中，孝宗命作新提，自南山净慈寺前新路口，直抵北山。湖分为二，游人大舟往来，第能循新堤之东崖，而不能至北山。绍兴中，始造二高桥，出北山达大佛，而舟行往来始无碍。堤上有亭宇，为游人赏息处。"该残卷说此文是从"《杭州府志》引《旧志》"。所记苏堤"自孤山抵北山"也当属实，可知，南宋恢复的苏堤至明正德前仍经孤山。《咸淳临安志》在说孤山时，也指出"其西为里湖"。当时西湖里、外湖的分界线是苏堤，分界点在孤山。

可见，今苏堤并非苏轼所筑是有道理的。苏轼所筑经过孤山的苏堤，仅隔十年就被政敌吕惠卿"奏毁"。异地重建具体原因或许已难以准确考证，不过可以肯定的是，古人似乎并不强调"原址重建"。虽然原堤已毁，人们依凭对苏公的纪念，将复建的那条长堤"重命名"为苏堤，以此表达对苏公的怀念，甚至还在长堤上建祠奉祀（后移入孤山三贤祠）。

照片

杭州西湖及苏堤旧影

3. 立意

（1）问名晓意　苏堤——得名于北宋时期治理西湖最著名的郡守、大文豪苏轼，他是西湖治理史上与唐代白居易齐名的杰出人物。他曾先后两次任职杭州，元祐五年（1090）苏轼在第二次在杭任职期间，治理河道、浚挖六井、疏浚西湖。决定开挖葑田疏浚西湖时，他想到"湖南北三十里，环湖往来，终日不达。若取葑田积之湖中为长堤，以通南北，则葑田除，而行者便矣"。遂将疏浚中挖出来的葑草和淤泥，堆筑起自南至北横贯湖面的长堤。他以艺术家的眼光来修筑这道长堤，将长堤修在偏西一侧，使湖分里外，大小参差。堤上种植了芙蓉和杨柳，"望之如画图"。另外又在堤上建了六座石拱桥，使堤两侧的湖水可以相通。"六桥宛转饮长虹，踏草穿花兴正浓"，自此西湖水面分东西两部分，而南北两山始以沟通。元祐六年（1091），林希接任杭州知州时，为纪念苏轼疏浚西湖之举，欣然把长堤命名为"苏公堤"，并题写堤名，苏堤由此得名。

苏堤六桥——苏轼筑堤兴建拱桥六座，但直到南宋后期，潜说友撰《咸淳临安志》，在该书的卷一二《桥道》中才出现了这六座桥的桥名。自南向北的第一座桥，通赤山教场，名映波桥；自南向北的第二座桥，通赤山麦岭路，名锁澜桥；自南向北的第三座桥，通花家山港，名望山桥；自南向北的第四座桥，通茅家埠港，名压堤桥；自南向北的第五座桥，通曲院港，名东（束）浦桥；自南向北的第六座桥，名跨虹桥。

（2）景点立意　苏堤春晓——以苏堤的长堤六桥、桃红柳绿为主体的跨湖古堤景观。苏轼描述它："记取西湖西畔，正暮山好处，空翠烟霏。"南宋画院将"苏堤春晓"列为西湖十景之首。

4. 山水格局

俯瞰苏堤

苏堤

西湖风景区总体上形成山环水抱之势，北、西、南三面山形几乎不留缺口，峰峦重叠，绵延不绝，东面是一马平川，过去虽有几处小小的山丘孑遗，但基本上对这一马平川的地形没什么影响。整个湖面被孤山及苏堤、白堤、杨公堤分割，形成五个子湖区，按面积从大到小分别为外西湖、西里湖（又称后西湖或后湖）、北里湖（又称里西湖）、小南湖（又称南湖）和岳湖，子湖区间由堤上的桥孔连通。孤山是西湖中最大的天然岛屿，苏堤、白堤和杨公堤越过湖面，小瀛洲、湖心亭、阮公墩三个人工小岛鼎立于外西湖湖心，由此形成了主体湖面"一山、三堤、三岛、五湖"的基本格局。其中苏堤、白堤、小瀛洲、湖心亭、阮公墩这"两堤三岛"是经历史上西湖多次疏浚形成的，每次疏浚都会使景致有所改变，这五个古迹还构成独特的西湖水域观赏和交通格局，两堤三岛可以说是人类智慧的结晶。

5. 理微

（1）建筑

①苏堤。苏堤是连接西湖南北的通道，在苏堤上观景，能够看到完整的西湖景色。堤上夹道遍植柳树，既美化了堤上的景观，又可以用树根来加固堤基，使堤坝免于溃散。堤以六桥相连使里外湖水相通。

苏轼当年建的长堤严格来说只是堤的雏形，六桥原是木结构还是砖石结构，也不可考。历代对苏堤多有增添，方成现在的景观。

②苏堤六桥。苏堤上有六座单孔半圆拱古石桥，由南向北为映波桥、锁澜桥、望山桥、压堤桥、东浦桥（据考证，疑为"束浦"之讹）和跨虹桥。

苏轼雕像

映波桥：由南而北，"映波"是第一桥。映波桥长 17 m，净宽 7 m，单孔净跨 7.40 m，半圆石拱桥，最初的映波桥建于北宋，民国九年（1920）现有桥面改石级为斜坡，旧时通赤山教场。现桥栏上装饰有跃狮、蝴蝶、回纹图案。映波桥名为吴朝冕书。

映波桥上紧靠南山路一边可见新建的雷峰塔，另一边则是西湖十景之一的花港观鱼。一路走过路边的丛竹，行至桥头可见从堤横入花港的小桥，那头是有名的蒋庄，曰"兰陔别墅"。

锁澜桥：由南而北，"锁澜"是第二桥。桥长 16.9 m，净宽 6.4 m，单孔净跨 6.2 m，是一座半圆石拱桥，最初的锁澜桥建于北宋，民国九年至十一年（1920—1922）改石级为斜坡，1954年拱桥改为青石桥栏，旧时通赤山麦岭路。

锁澜桥近处见三潭绿岛沉浮湖中，在桥上可观湖对面不远处的汪庄；极目远处，雷峰塔秀丽挺拔，倩影美姿，含情脉脉。同时以左右朴树和垂柳形成框景，一幅明山秀水画跃然纸上。

望山桥：由南而北，"望山"是第三桥。桥长 16.9 m，净宽 7 m，单孔净跨 4.7 m，半圆石拱桥，最初的望山桥建于北宋，民国九年至十一年（1920—1922）桥面改石级为斜坡，旧时通花家山港。

望山桥不远处即是花港观鱼公园，另一侧可见三潭印月。东边可远望吴山，西边近观丁家山下的刘庄，远眺南北两峰及西湖群山。

压堤桥：苏堤的第四桥，桥长 16.9 m，净宽 4.0 m，单孔净跨 6.3 m，是一座半圆石拱桥，是眺望全湖的最佳处之一，故名"压堤"，旧时通茅家埠港。据说桥下之水特别深，去灵隐天竺，舟行必取道于此，桥旁曾经有石台灯笼以照夜船行走，桥边湖中以前还产西湖莼菜。

压堤桥东望阮公墩和湖心亭两座绿岛，西眺坐落在水杉林带中的湖上古典名园郭庄。

东（束）浦桥：苏堤的第五桥，名为"东浦桥"，但也有称"束浦桥"的。整桥长 16.8 m，净宽 4.3 m，单孔净跨 5.9 m，最初的东（束）浦桥建于北宋，是一座半圆石拱桥，民国九年至十一年（1920—1922）桥面改石级为斜坡。桥通曲院港，与西岸流金桥斜对。

东（束）浦桥的东南面可隔湖远望楼阁参差的孤山，桥西可近睹玉带晴虹桥、亭之胜，同时也是湖上观日出的最佳点之一。

跨虹桥：苏堤北端的跨虹桥，桥长 21.1 m，净宽 4.3 m，单孔净跨 8.1 m，是一座半圆石拱桥。最初的跨虹桥建于北宋，明代桥址略有移动，是苏堤六桥中明代唯一移动过桥址、长度最长、单孔跨度最大的一座桥，民国九年（1920）后，桥面由石级改斜坡。旧时通耿家埠港。

此处是感受苏堤景色最好的地方，东有卧波的西泠桥，西有荷香阵阵的曲院风荷。如遇夏日雨后初晴，有彩虹垂落桥面，故有跨虹之称。跨虹桥上看雨后长空，彩虹飞架，湖山沐晖，如入仙境。

③御碑和御碑亭。苏堤春晓的系列景观中，御碑是一个重要的景点。其是在清康熙三十八年

"苏堤春晓"
碑亭

（1699）康熙帝巡游西湖，品题"西湖十景"，御书"苏堤春晓"景名时设立。御碑亭在压堤桥以南 21 m 的堤体西缘，临西里湖，为坐西朝东，面积 12.2 m²，高 4.8 m，清式平瓦攒尖顶方柱正方小亭，亭内正中竖有石碑，碑身正面刻康熙题"苏堤春晓"，每字 33 cm 见方，正中上方盖刻"康熙御笔之宝"篆印一方，周旁线刻云龙纹，背面刻乾隆帝 1751 年御题七言绝句，侧面刻乾隆帝 1757 年、1762 年两次为该景观御题的两首叠韵诗。碑座方形，碑身太湖石，碑通高 2.56 m，宽 1.05 m，厚度 0.22 m，碑身高 1.85 m，宽 0.63 m，碑额正反面浮雕均为海水、云龙。南宋时，贾似道曾建有崇真道院（俗称施水庵）于此，清雍正八年（1730）浙江总督李卫再建岑楼（又名苏堤春晓楼），并在楼侧建曙霞亭，今均不存。"文化大革命"时碑断数块，至后补整树立。

④仁风亭。仁风亭在苏堤东（东）浦桥与跨虹桥间之东侧近湖边，建于 20 世纪 60 年代初，为攒尖平瓦朱柱钢筋混凝土仿木结构八角亭，六面设置靠栏，供游人坐憩。亭子面积约为 56 m²。

（2）植物配置　西湖园林植物配置的总体原则是因地制宜。

①经济原则。进行植物配置时首要原则依然是利用乡土树种，乡土树种的共同之处是生存能力强，可以很快地适应环境，与西湖整体景观风格协调一致。另外，景区中还有大量的芳香植物，使游人得到视觉和嗅觉的双重享受。

②艺术原则。以自然栽植为主，其中孤植、对植、丛植为主要配置手法，与我国古典建筑和景致风格相近，通过对植物色彩和数量进行艺术搭配，使营造出来的景观观赏性更强，与整体景观相呼应。

③功能原则。植物景观搭配除了遵循观赏性的原则外，还要充分考虑绿地的功能性。运用乔、灌木的形态特点进行围合，结合苏堤的特点，在各桥下或者观景视线好的地方形成各种类型的围合空间，可以满足游客对私密性和安全性的要求。

北宋时期，苏堤夹道上的植物具有较强的观赏性，桃树、柳树构建出"桃柳相间"的美丽景色，这一景观历来被人们所传颂。临湖地区的主景树是垂柳，营造出"袅娜纤柳随风舞"的美妙意境，香樟因树体巨大和形态优美，则被定为基调树种，使西湖柔美的风格更加突出，以樱花、鸡爪槭等植物作为配景，使林冠线呈现出变化的动感之美。花木配置时充分考虑到不同季节的美观性，以色彩鲜艳的花木为首选，水映花色，景致的观赏性更强，苏堤以垂柳和春季花卉为主，正是符合苏堤春晓的意境。

（四）实习作业

①在苏堤上选择一处节点进行测绘，注意对植物群落的描绘。
②速写二幅，注意远、中、近景的选择和构图。

（五）思考题

①从风景园林的角度分析苏堤一景的优缺点。
②思考透景线在园林中的运用。

（编写人：江　岚）

苏堤

"苏堤春晓"碑亭 刘雷摄影

雷峰塔上俯瞰苏堤 刘晓钰摄影

苏轼雕像 裘鸿菲摄影

六、京杭大运河杭州拱墅段

(一)背景介绍

京杭大运河始凿于春秋,至今已有 2 400 多年的历史,大运河南起余杭(今杭州),北到涿郡(今北京),途经今浙江、江苏、山东、河北四省及天津、北京两市,贯通海河、黄河、淮河、长江、钱塘江五大水系,全长约 1 797 km。是世界上里程最长、工程量最大、历史最悠久的运河,这是祖先留给我们的珍贵物质和精神财富,是活着的、流动的重要人类遗产。2014 年 6 月 22 日,中国大运河项目正式列入《世界遗产名录》。

杭州位于京杭大运河最南端,运河杭州段是运河历史古迹最丰富、文化底蕴最深厚的一段。大运河是杭州旅游的一张金名片,也是江南水乡文化体验的经典目的地。大运河流经了富庶儒雅的钱塘佳丽地,记录了杭州繁华古都的沧桑沉浮和白墙粉黛的市井百态。不管是徒步、舟游,还是骑行、小憩,都可以触摸到杭州运河华而不燥的厚重之感,欣赏到运河沿岸无处不在的风雅之美。运河杭州段北始塘栖,至三堡船闸,途经余杭、拱墅、下城、江干四区,穿越了杭州人口密集的老城区,也承载了杭州的发展历史,历史的沉淀形成时间轴上的动态景观。

杭州市政府为了保护和开发运河在新时期的功能,围绕"还河于民、申报世遗、打造世界级旅游产品"三大目标,组织开展了运河(杭州段)综合整治与保护开发工程。目前已完成了以"一馆二带三园六埠十五桥"为主体的运河综合保护一期工程和以"一廊二带三居四园五河六址七路八桥"为主体的二期工程。

京杭大运河杭州拱墅段约为 12 km,范围南至武林门地区的西湖文化广场运河拐弯处,北至石祥路,是整个京杭大运河杭州段历史古迹留存最多的一段,其规划定位为展示古运河传统风貌的旅游文化长廊,是京杭大运河上综合景观最优美、历史底蕴最深厚、文化载体最丰富、旅游价值最黄金的一段。

(二)实习目的

①通过对京杭大运河杭州拱墅段进行实地探查、记录、测绘等,了解滨水休闲及游憩空间整体规划模式,学习景区空间布局及造景手法。

②学习京杭大运河杭州拱墅段沿线物质及非物质文化遗产保护和再利用的规划处理方式,以及如何通过景观营造来修复、保护、传承地域文化。

③通过实地考察,分析京杭大运河拱墅段的规划在生态、景观、经济、社会等各层面与杭州城市发展的关系。

(三)实习内容

1. 明旨

对京杭大运河杭州拱墅段进行综合整治与保护开发,全面提升京杭大运河生态、文化、旅游、休闲、游憩、商贸和居住功能,打造"没有围墙的博物馆",修缮文保点,梳理文化遗址,保护非物质文化遗产。

2. 相地

拱墅区古代系海湾，半山为海岛，周围泥沙淤积逐成陆地，古有江涨之名，为运河的建设提供了便宜的地理条件。此外，京杭大运河杭州拱墅段沿岸曾是杭州城北的老工业区，沿岸用地开发历史久远，人口密集，又是近现代工业、仓储布局集中的地带，用地类型和功能组织的历史沉积极深，当时人们对运河的历史价值认识有限，而城市发展模式也以工业生产为主导，运河的交通条件也受限，就把运河功能定位为服务工业生产和货物集散。至今运河杭州拱墅段北段东岸和西岸的用地格局还是这个模式，主要是由于当时城市对外货运靠运河水上交通完成，所以在运河东岸和西岸逐渐形成了大批的工业企业和仓储用地。

3. 立意

古老的京杭大运河在拱墅区留下了灿烂而丰富的历史文化遗产，对京杭大运河拱墅段的景观规划工作秉承"文化再生"理念，让拱宸桥、富义仓、香积寺等大量历史古迹和大运河沿线的漕运文化、建筑文化、饮食文化、民俗文化、市井文化等文化遗存重现于世人，延续京杭大运河文化之脉。

4. 问名

据明代田汝成《西湖游览志》记载，出武林门至北关（今大关）皆称湖墅，武林门古时乃是杭州城的北大门。旧时的湖墅是一条石板铺成的十里长街，因为商业发达，所以有"十里银湖墅"之称。湖墅的繁华在过去主要是靠地利。而"朝廷恩泽自北而来"，对江南情有独钟的康熙、乾隆都是由武林门入的杭城。"湖墅八景"是旧时风景的经典写照。"湖墅八景"系明代王布范赏题：一曰"夹城夜月"，二曰"陵门春涨"，三曰"半道春红"，四曰"西山晚翠"，五曰"花圃啼莺"，六曰"皋亭积雪"，七曰"江桥暮雨"，八曰"白荡烟村"。"湖墅八景"显现了在春、夏、秋、冬不同季节与朝、夕、雨、雾不同时间与天气的至美景色。这批景致随着岁月侵蚀，绝大部分难觅旧迹，徒留意境。

5. 布局

（1）空间布局　拱墅区运河沿线景观带，总体依托"一线、二带、三片、多点"的结构体系进行设计布局。一线，即运河沿线；二带，即运河东、西两岸；三片，即江涨桥片，以江涨桥为纽带，综合反映沿河的特色商贸文化、宗教文化、仓储文化；小河直街片，依托小河历史地段及其衍生用地，以传统商业社会中诞生的会馆文化为核心，以"一河会五水"来勾画景观特征；拱宸桥片，以拱宸桥为核心，综合反映运河文化，重点表现民居街巷和近代杭城工业发展史。多点，即运河东西两岸沿线 40 余个景点。

（2）建筑布局　大运河拱墅段沿线人文历史建筑可分为古城遗址（武林门、夹城巷）、历史交通贸易遗址（大兜小兜、新码头、富义仓、洋关旧址）、古桥梁（龚成桥、卖鱼桥、得胜桥）、古园林（高家花园）、古代宗教建筑（香积寺、双塔）、工业设施遗址（桑庐、杭州第一棉纺织厂、东南面粉厂、长征化工厂、华丰造纸厂）及仿古建筑（信义坊步行街）这几大类型。

拱墅段的人文历史建筑主要分布在德胜桥至石祥路路段。其中德胜桥到大关路段是古代"湖墅八景"集中的地段，历史上运河航运发达，曾是元代至 20 世纪 70 年代运河航运的端点，也是"运河人家"分布的典型地段。现状兼有居住、商贸、工业、交通等功能。该地区原有工厂多数已搬迁，旧址用于开发居住区，至 1998 年已开发建成仓基小区、卖鱼桥小区等，此外还建有职业高中、农贸市场及区文化中心等公共设施。大关路至石祥路段沿岸用地布局基本上保留着原来的面貌，主要以工厂、仓库、货运散装码头为主，工业以轻纺为主，工厂主要分布在西岸小河路两边，也有紧靠运河两侧的大型工厂。其中较大型的企业有杭州第一棉纺织厂、浙江维美纺织集团公司、红雷丝织厂、杭州丝绸印染联合厂等，工业、仓储功能占较大比重，后期多个工厂改建为博物馆。

（3）交通方式　京杭大运河拱墅段沿线的交通方式主要分为步行、乘坐水上巴士、骑行、自驾和乘坐公交车这五大类。

运河步道

京杭大运河杭州段游步道从运河最北端位于石祥路的北星桥到运河西段的京江桥，游步道紧贴运河布置，两岸游步道长度共计 20.2 km，宽度 2.5～3 m，采用从古运河村落收购的旧石板材铺砌而成，古朴韵味十足。游步道藏身在 30 m 宽的绿化带中，一路竹影摇曳、柳枝披拂，路旁不时有石椅木凳，供游人休息。游步道串起的码头、亲水平台、景点、公园和广场，共有 43 处之多，具有强大的疏散分流能力，其间有 21 个广场节点，平均每 500 m 一个，其中 6 个属于大的节点，每一个节点都足可开展 30 人左右规模的集体活动。游步道一气贯通到头，没有任何建筑干扰视线，也没有车行路横断行程。游人在游步道上可欣赏两岸风景，感受浓郁的运河文化。

运河上已经开通了多条运河线路，沿岸分布有多个水上巴士码头，兼具交通路线和旅游路线，在完成交通功能的同时发挥水上的观光功能，水上巴士分为漕舫和游艇，古典与现代交融。运河综合保护工程的深入还将水上巴士游线延伸至西溪湿地、钱江新城等站点，形成庞大的水上交通网络。

运河两侧设置了 10 余处公共自行车租赁亭，供游人自助借车或还车。骑行车道沿运河两边绿地内布置。

运河沿岸分布有较多公交车站和停车场，可供游人自由选择搭乘公交车或者自驾游。

（4）植物配置　京杭大运河拱墅段沿线设立了连续的绿色廊道，有助于文化遗产游览形成统一连续的基底背景。在原有绿化的基础上，因地制宜，通过点线面的综合布置形成层次丰富、空间复合、轮廓鲜明的绿化体系。

运河沿线具体地段植被的处理手法结合了该地段的历史文化背景。对于拥有古树名木、特色植被等具有较高价值的地段，在原有植被基础上进行景观、生态、群落层次等方面的品质提升。对于景观效果不理想、群落整体氛围与遗产点历史文化内涵不相适应的地段，采用新建公园、绿色游憩空间等方式进行更替。对于规模较大、景观效果较好、对整体文化景观氛围起到积极烘托作用的群落，须保证该区域范围内的群落能够自然演替，不受人类较大干扰。

在植物配置方面，遵循植物景观设计的实质，即自然与文化设计，需要做到顺应气候、延续文、地二脉。植物造景设计的任务是"满足功用、生态管护、寓情于景"，根据杭州地区的植物在生态、美学、空间和文化方面的四大特性，以具有代表性的乡土常绿阔叶植被为主，辅以落叶阔叶植物和花灌木。树种方面：以青冈、香樟（市树）、桂花（市花）、悬铃木、无患子、黄山栾树、水杉、枫香、银杏等乡土树种为基调树种；以广玉兰、鹅掌楸、垂柳、樱花、梅花、石榴、罗汉松、红枫、地中海荚蒾、大花六道木、三色堇等为骨干植物，突出杭州地方文化，展现出"人间天堂"的特色意境。在具体区块的植物配置上根据其现状与规划定位有所偏重，如在拱墅区运河东侧与运河郊野段有少量工厂，多栽植垂柳、杨树、悬铃木、泡桐、雪松等植物，这些植物可吸附粉尘、有毒有害气体，净化空气。在拱墅区与下城区等居民聚集区，多栽植广玉兰、臭椿、合欢、香樟、松柏类树种，这些树种可消灭空气中的病菌、具有一定的保健功能。在展示运河沿岸景观的地带，多栽植具有花叶色彩丰富、枝干形态美观、花果芳香等性状的植物，营造季相多变、丰富多样的沿岸景观。

6. 理微

运河景观空间包括河道景观空间、桥梁景观空间、公共设施景观空间、广场公园景观空间等。

（1）河道景观空间　河道景观空间的主要组成元素包括水体、护岸、植被、码头、船坞等。水体是河道景观体系的重要元素之一，运河综合保护工程中采用清淤与截污、引水与排水、净化与绿化相结合的方式，对运河水质进行了改善，疏浚了河道，在驳岸种植树木和花草，并用风格古朴的浮雕等装饰手法点缀驳岸立面空间。根据各地段的区域定位和景观特点，或增加亲水性或强调生态型，避免游线单一而产生视觉疲劳，二级式驳岸采用平台形式将其遮掩。运河的整治工程结合先进的生态科技，以混凝土和石材为主要材料，在确保河道防洪蓄水等功能的基础上，建设具有"可渗透性"的人工驳岸，充分保证河流水体与河岸之间的水分交换与调节功能。码头和水上巴士站点作为运河河道景观的重要组成元素，是主要景观节点之一。武林门站位于运河南岸，紧邻武林门客运码头，采用膜结构，充分显示出浓郁的现代化气息。北新关站位于湖墅北路东侧，处在卖鱼桥和拱宸桥的中间，设计颇具匠心，狭长的候船廊、古朴的码头与周边环境非常融合。拱宸桥站位于拱宸桥东北侧，距拱宸桥 80 m。码头岸线长 65 m，沿岸设计长廊式建筑，其上铺盖琉璃瓦，屋檐下悬挂数盏宫灯。另外还有遗迹码头，如卖鱼桥码头、富义仓遗址码头、御码头等。这些观赏型的码头主要集中在德胜桥至大关路段。

（2）桥梁景观空间　在桥梁的保护与修复过程中采用的主要措施是新建和修建。其中新建的桥梁一部分是为了满足交通的需要，沟通两岸通行的桥梁；一部分是以古桥梁之名重新在原址附近新建的桥梁；还有一部分是在古桥梁边增设的新桥梁，替代其交通运输功能，从而对古桥梁达到保护的目的。修建是在原来桥梁的基础上通过结构改造使得桥梁的功能得到恢复和拓展或者通过艺术手法加以改造从而提升形式美和艺术美的保护方法。无论是新建还是修建，保护工程都遵循了桥与景相结合的原则，合理利用桥下空间，使得庞大的桥体本身成为一个建筑空间、一个通廊、一个活动场所，满足人的行、停、休闲、观光的需求。目前，经过修建和景观整改过的桥梁其欣赏价值得到提升，并且分别具有不同风格倾向和功能定位。如位于西湖文化广场附近的中北桥、西湖文化广场桥以连接两岸交通的功能为主，在桥梁形式上倾向现代化风格或中西结合，用材上以钢筋等现代混合材料为主，以体现运河的现代气息。另外夜游运河时，桥梁的夜景是运河景观的一大亮点。灯光打在浮雕和雕像上，增加了立体感和可见度，随着游船移步换景，游客似乎进入动态时空中阅览运河历史。

桥下空间是运河桥梁景观空间的又一大亮点。将桥梁的桥墩、桥台、挡墙等作为艺术文化载体，内容题材体现杭州运河的历史与今天、人文遗迹与经济科技价值，然后针对不同的游客和不同的观景方式，进行空间的艺术创作。桥梁修建中艺术创作的主要形式是雕塑，有浮雕、镂雕、雕像等类型以及平涂、线刻、雕版、拼贴、镶嵌等多种工艺手法，题材多是与运河有关的历史故事、传奇人物等。在装饰方面，巧用中国传统文化元素，通过象征、夸张等艺术手法获得强烈的视觉效果。

桥下空间

（3）公共设施景观空间　公共设施景观系统包括公共艺术品、亮灯设施、导视系统、城市家具等。其中公共艺术品较为丰富完善，其他几个方面的建设还相对落后。公共艺术品是非物质文化遗产保护的重要载体和方法之一，其创作题材往往来自历史典故、人物事迹或者是民间传说。目前，运河沿岸的公共艺术品主要以雕塑为主，风格较为传统，主要分布于运河两岸的绿地公园、码头驳岸区以及桥梁上，呈散点式分布，成为各个区域地段的景观小节点和视线集中点。如位于西湖文化广场的几件公共艺术品，其中一件是运河人行景观桥浮雕作品《金河古韵》，由中国美术学院雕塑系的 10 位老师集体创作，长达 80 m，是描绘明清时期古运河从北京到杭州昌盛

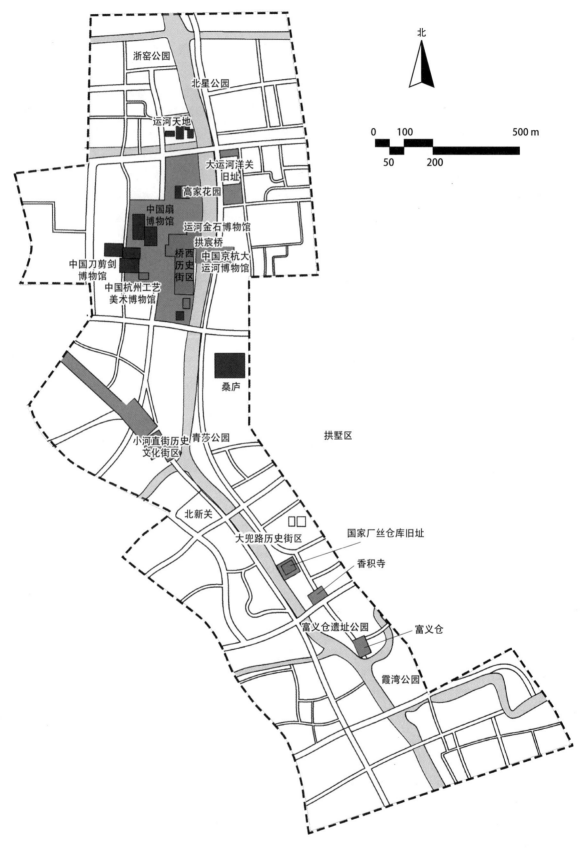

京杭大运河杭州拱墅段平面图

繁华景象的长卷，对该区域的整体景观形象提升具有重要意义。另外一件是描述大运河变迁史的雕塑，位于武林门码头附近，让游人在欣赏景观的同时，受到文化教育。在亮灯设施方面，灯具设计风格较为古朴，采用了传统的中国文化元素，主要分布于运河城区段的河岸周边。

（4）广场公园景观空间　运河沿岸的公园可分为运河文化主题公园、遗址公园、绿化休闲公园、街区公园等几类。运河的广场和公园作为运河景观形态中点与面的元素，成为景观轴上的重要节点，进而可以发展成区域中心，是主要的公共空间。

运河拱墅段最有代表性的公园是以运河文化广场为中心的博物馆文化区广场空间。运河文化广场紧邻运河博物馆，广场上有两座仿古的楼台建筑，且设有大型灯光音乐喷泉、地下购物超市，晚上还有夜市买卖。运河对岸有桥西历史街区商业街，由拱宸桥相连，商业休闲氛围浓郁，且有中国刀剪剑博物馆、中国伞博物馆、中国扇博物馆，集文化、商贸、观赏旅游和休闲娱乐等多项功能于一体。

运河文化
广场

运河综合保护部门特别重视对工业遗产的保护利用，在外运河拱墅段最北端建有遗址公园——江墅铁路公园，公园围绕浙江首条铁路——江墅铁路进行建设。江墅铁路从江干闸口至湖墅拱宸桥而得名，全长 16.135 km，于 1907 年建成通车，毁于 1944 年。公园位于登云路南侧，金华路东侧，占地 0.67 hm²，是 2008 年京杭大运河综合保护重点项目，依据历史资料还原钟楼、候车室、火车头和部分铁轨等设施，钟楼高 19.06 m，候车室面积 140 m²，火车头重 125 t，两条铁轨长 45 m，是杭州市唯一且独具特色的铁路遗址公园。综合保护二期工程特地开发了浙窑陶艺公园、西岸国际艺术区。浙窑陶艺公园是在石祥公园的基础上改造建设的。石祥公园深处的石祥船坞原为市港航公司船坞修理厂，由七幢单体建筑和两幢仿古建筑组成，修缮后的老建筑与周边公园的绿地景观融为一体，以"浙窑"品牌为旗帜，打造成浙窑陶艺公园，形成一个具有杭州运河特质和浙江地域文明传承的独特产业品牌，集时尚展览、创意办公、旅游服务、配套餐饮于一体，成为运河文化与景观体系中重要的构成部分。

桥西历史
街区

7. 重要景点

（1）富义仓　富义仓原为清代重要的战略储备粮仓，与北京的新南仓并称"天下粮仓"。它是杭州现存唯一的一个古粮仓，1949 年后其仓储功能也几经变迁，但作为"天下粮仓"的重要一员，是运河文化、漕运文化、仓储文化的实物见证。

富义仓

富义仓依然屹立在运河最南端，于 2007 年以原有的占地范围、用原有的材料、按原有的历史风貌、原汁原味地进行修复，建筑面积达 3 272.7 m²。富义仓主轴线由三组庭院组成，由南至北分别将 2 号楼最大的储谷室改造为粮仓咖啡馆，保留烧毁的 12 号楼空地遗址为露天剧场，3 号和 4 号楼用作文化创意产业园的一部分，11 号楼账房则改为管理区。在复原程度上，以柱础至柱顶石为界，不修复木结构以外部分；对现存的建筑保留其总体平面布局；对毁损建筑保留其遗址位置；在局部墙面和内部环境上适当添加了时尚元素和现代构件，尽可能少地对整体风貌和建筑外观进行改造。其立面基本保留了白墙灰瓦的传统建筑风格，和附近的若干历史地段可谓相得益彰。

（2）大兜路历史街区　宋代时，杭州城北重要的贸易中心在大关桥、江涨桥、卖鱼桥一带，即现大兜路区域，现指运河大关桥至江涨桥一段东岸，在胜利河以北，是以江南水乡建筑群为特色的步行街区，是杭州老城历史风貌尚存的街区之一。

大兜路
历史街区

历史街区的入口广场在大关桥东，入口处设立以"渔"为标志的格网状构架。通过场景化小品，展现大兜鱼市热闹的交易场面，有渔夫捕鱼、搬运鲜鱼、讨价还价等。同时修缮沿路建筑，民居粉墙黛瓦，点缀红灯笼，重现湖墅八景中的"江桥渔火"美景。沿运河建观景平台三个，打造开放性休闲空间，与亭、廊等建筑小品相辅相成，并结合公共健身步道，成为居民重要的生活健身空间。

大兜路北段，北起大兜路历史文化街区北入口，南至国家厂丝仓库，保留了清末民初民居建筑风貌，以院落为单位，设计合院式居住区。其中的崇仁庙经改造后将作为中心景观，设置单元式居住区。大兜路中段为仓储文化风貌保护区——厂丝库区，在不改变总体环境风貌的基础上，更新改造杭州电线电缆总厂（原国家厂丝仓库旧址）部分工业建筑，增设商业、餐饮设施。同时改造周边景观，设置下沉广场，打造创意产业园区，内容包括时装设计展示、艺术家画廊、工艺品交流展示等。

（3）香积寺　香积寺始建于北宋初年，距今已有 1 000 余年的历史，是国内唯一供奉紧那罗王的寺庙，香积寺濒临京杭运河，是杭州湖墅地区的著名寺庙，是灵隐、天竺朝山香客的集散地，每天运河上千余船只往来、运输繁忙，夜间灯火通明，促进了湖墅地区乃至杭州的商贸繁荣，对佛教禅宗文化的传布也起到了积极推进作用。寺前的香积古塔为文物保护单位，香积寺原有东西二塔，东塔于"文化大革命"期间被毁。香积寺被大兜路历史街区包围。

香积寺

复建的香积寺占地面积 16 855 m²，地上总建筑面积 13 150 m²，地下停车场 3 535 m²，耗资近 4 亿元。新建的香积寺恢复了被拆除的东塔，对天王殿前广场上的原有西塔进行了维修，保持了双塔的原有风貌。寺庙殿阁齐备，分有五进，从南到北的中轴线上，分别有放生池、天王殿、大圣紧那罗菩萨殿、大雄宝殿、藏金阁。

（4）小河直街　小河直街是杭州市历史文化名城保护规划划定的历史地段之一，位于拱墅区运河河西区块，东起老小河路、西至湖墅北路、南接余杭塘河与运河交汇处、北至登云路，其中长征桥路以南为重点保护区，以北为风貌协调区，项目占地面积约 3.2 hm²。现状重点保护区内建筑多为清末民初的江南民居，现存的街区风貌是明清至民国时期的，是杭州保留下来的为数不多的古街，是准新人拍婚纱照的热门取景地。其历史渊源可追溯到南宋时期，当时这一带分布着中医门诊、酒作坊、酱坊、打铁铺、盐铺、饭店、碾米店、炒货店、南北货店、蜡烛店等商铺，商业气氛浓厚，至今小河直街仍能看到作坊、会所、店铺、茶楼、河坎、河埠等遗迹。它是目前能够真正反映杭州历史风貌的一个重要历史街区。

小河直街

（5）拱宸桥　拱宸桥始建于明崇祯四年（1631），东西横跨大运河，在古代是京杭大运河到杭州的终点标志，也是大运河在杭州的交通要冲。在古代，"宸"是指帝王住的地方，"拱"即拱手，两手相合表示敬意。此处是康熙、乾隆屡下江南的必经之地，每当帝王南巡，这座高高的拱形石桥，象征对帝王的相迎和敬意，拱宸桥之名由此而来。

拱宸桥位于大关桥之北，东连丽水路，西连小河路，是杭州古桥中最高、最长的石拱桥。桥长 92.1 m，高 16 m，桥面中段略窄为 5.9 m 宽，而两端桥堍处宽 12.2 m，为三孔薄墩连拱驼峰桥，边孔净跨 11.9 m，中孔净跨 15.8 m，拱券石厚 20 cm。采用木桩基础结构，拱券为纵联分节并列砌筑。桥身用条石错缝砌，桥墩逐层收分，桥面两侧为石质霸王靠。拱壁顶部有浮雕"双龙戏珠"，中拱券内还有浮雕荷花。拱壁上尚有题记，可惜已经难以辨清。拱宸桥的修整得到了广大市民和国内泰斗级古桥梁专家的首肯。

（6）四大博物馆　在拱宸桥西历史街区内有着三个国家级博物馆（中国扇博物馆、中国伞博物馆、中国刀剪剑博物馆）和一个杭州工艺美术博物馆，形成运河独特的博物馆群。四大博物馆建筑由老工厂改建而成，是杭州保护与利用工业遗产的典型范例。

中国扇博物馆由杭州第一棉纺织厂改建而成，主要定位为宣传和弘扬我国悠久的扇的技艺，发掘和保护传统的手工艺，同时兼顾展示和收藏。馆内有条明清扇街，设立了玻璃视觉解说系统，游人站在展示折扇的陈列橱窗前，玻璃面受到感应，会投影出相对应的解说词；同时，博物馆还使用机器人进行解说，每当游人路过，传感器就能检测到，打扮得像扇店工作人员的机器人就会前来招呼。

中国伞博物馆由桥西土特产仓库改建而成，综合展示以中国为代表的伞文化、伞历史、伞故事、制伞工艺技术以及伞艺术，是世界首创的伞主题博物馆。中国伞博物馆展厅建筑面积 2 411 ㎡，临时展厅建筑面积 527 ㎡。

中国刀剪剑博物馆展厅建筑面积 2 460 ㎡，临时展厅建筑面积 1 060 ㎡。博物馆功能主要定位为弘扬和宣传我国悠久的传统手工艺，同时兼顾展示、收藏和体验功能，把博物馆打造成集多种功能于一体的具有专业特色、杭州特色、运河特色的平民化国家级博物馆，并努力将其建设成为"国内领先、世界一流"的国家级专题性博物馆。

中国刀剪剑
博物馆

杭州工艺美术博物馆是在红雷丝织厂的基础上经过修缮、抗震加固、改造完成的。总建筑面积 18 930 ㎡，建筑占地面积 5 149 ㎡。博物馆的建馆是对原街区刀剪剑、扇、伞三大国家级博物馆的扩容和升级。

四大博物馆在融合了古运河、旧厂房和杭州工艺美术文化的同时，共同构成了以运河景观、历史建筑、工艺美术为特色的，集展示、收集、研究、培训和交流为一体的，具有杭州特色、运河特点的工艺美术主题博物馆群落。为世界打开了解杭州工艺美术的窗户，搭建起交流切磋和发扬传承的平台。

（7）中国京杭大运河博物馆　中国京杭大运河博物馆位于拱宸桥东，是介绍京杭大运河的专题博物馆，旨在全方位、多角度地收藏、保护、研究运河文化资料，反映和展现运河自然风貌和历史文化。

中国京杭大运河博物馆总占地面积 52 910 ㎡（含运河文化广场），建筑面积 10 700 ㎡，展览面积超过 5 000 ㎡。博物馆建筑风格总体定位为"传统而不复古"。建筑环绕运河文化广场呈扇形布置，造型平坡结合，立面细部上有经过提炼简化后的中国古代传统建筑符号，通过独特的开放式格局，将室内外融为一体，将运河及桥、船、埠巧借为活的展物。博物馆以一层为主，局部二层，并有部分地下室。首层主要是博物馆常规展示部分，共四个厅，一条展廊；二层主要是资料室、视听室、办公室，另有半景展厅等。

（8）高家花园　高家花园是一处保存完好的清代私家花园别墅，位于拱宸桥西原长征化工厂里面。据史料记载，它由清代大臣李鸿章的亲戚、曾任通益公纱厂新公司经理的高懿丞所建，故而得名。

现在的高家花园占地面积约为 1 200 ㎡，原来的规模比现在大好几倍。高家花园主体建筑为南华楼和爱日楼，南华楼是一幢中西合璧风格的二层清水砖建筑，爱日楼是一幢四坡顶式的单层西洋建筑。园内筑有水池，池中养鱼，池上架曲桥；园中叠山、置石以添情趣；香樟、桂花、翠竹等花木遍植园中。

（四）实习作业

①测绘中国刀剪剑博物馆和中国扇博物馆外环境。
②速写二幅，以反映京杭大运河杭州拱墅段景观风貌为核心内容。

（五）思考题

随着遗产区域化的构建，企业商业圈、生活住宅区和文化教育区之间界限不明，不仅限制了企业商业自身的发展，也对生活住宅区的环境卫生、生活状况以及文化教育都形成了不利影响，同时也给城市的交通运输和土地结构调整带来了巨大的压力，如何处理城市部分区域功能重叠和功能转变所带来的矛盾，如何处理文化、经济与市民的关系，如何营造更好的遗产保护氛围和景观形象是当前我们必须考虑和解决的问题。

（编写人：汪　民）

香积寺

厂丝库区

富义仓

中国刀剪剑博物馆

拱宸桥

桥下空间

七、杭州太子湾公园

（一）背景介绍

太子湾公园始建于 20 世纪 80 年代末，背靠九曜山、莲子峰。据《宋史》记载，其近旁曾埋藏着庄文、景献两位太子，故名太子湾。太子湾公园占地面积 17.75 hm²，其中绿地、水体、道路、建筑和其他部分所占比例分别为 76.3%、14.9%、7.2%、1.4% 和 0.2%。大致分为三个景区：逍遥坡景区、琵琶洲景区和望山坪景区。太子湾公园的设计继承了中国传统自然山水的创作理念，因山就势、挖池筑坡，如明代计成所说的"高方欲就亭台，低凹可开池沼"。利用挖池筑坡的方法，巧妙地构造出高低起伏、错落有致的地形，由于堆土坡度平缓，给人舒适的空间感。太子湾公园在继承传统的基础上借鉴了英国自然风景式园林的构景手法，例如自然缓坡入水式大草坪，引入异域风情的景观小品和构筑物，如荷兰大风车等，增添了园中趣味。太子湾公园设计融合中西造园艺术于一体，创造出一种符合当代人审美趣味、野趣自由、简朴诗意的独特风格。

（二）实习目的

①学习太子湾公园的理景手法，着重体会山水骨架的构建对园林布局、空间组织的作用。
②结合竖向设计，学习在太子湾公园中地形塑造与理水之间的关系。
③从植物色彩、质感和配置等角度，学习如何通过自然山水园的种植设计塑造空间。

（三）实习内容

1. 明旨

太子湾位于西湖西南一角，处于环湖景区的重要地段，山峦泥沙世代的冲刷致使其被淤塞为沼泽洼地，是沿湖唯一一片没有开发利用之地，20 世纪 80 年代末，为发掘并利用西湖南线风景资源，均衡南北两线游览容量，丰富游览内容，相关部门经规划研讨后决定扩大太子湾景区，让其与左邻右舍的西湖美景相呼应，成为集文化、游憩功能于一体的浑然天成的自然山水园。

2. 相地

太子湾紧接九曜山北坡，夏季无风，冬季风厉，立地气候条件不佳。古时的太子湾为西湖一角，由于山峦泥沙世代流泄冲刷，逐渐淤塞为沼泽洼地，中华人民共和国成立后，曾是两次疏浚西湖的淤泥堆积处，西湖泥覆盖层达 2～3 m，表面为喷浆泥，经阳光曝晒，满是龟纹和洞坑，踏之如履软絮。1985 年，西湖引水工程开挖的引水明渠穿过太子湾中部，钱塘江水自南而北泄入小南湖，明渠两旁堆积着开山挖渠清出的泥土和道渣，形成一块台地、两列低丘，其余皆为平地。地面长满藤蔓，间或有几丛大叶柳，冬季叶落枝垂，平地及堆泥区一片枯败景象。

然而太子湾公园的立地环境却十分巧妙，犹如一把太师椅的椅座，背靠着九曜山与南屏山，东边是肃穆宁静的寺观墓道，西面是借景入园的南高峰，北面又被一长列高大葱郁的水杉林封闭，与城隔绝，自成天地，显得格外安静和野朴，这便是太子湾景色赐给人们独特的精神享受。

3. 立意

山是园林生气所在，水是园林命脉所在，趣是园林精华所在，郭熙言之"山以水为血脉"

"水以山为面"。太子湾公园的景观构思与设计以因山就势、顺应自然、追求天趣为宗旨。在公园的立意过程中，设计师决定珍惜、保留和加强这种不可多得的美感享受，尽最大努力赋予太子湾公园山情野趣和流水情趣，突出它静中藏趣、野中藏乐的个性。地形改造、水系处理和道路设计是造园的关键，这三个题目得到合理的解决，可使全园骨架漂亮、肌肤丰满、血脉流通，再穿花戴草、装点修饰，不但事半功倍，且能锦上添花。

4. 布局

太子湾公园借着自然山水的得天独厚之势，巧妙地挖池筑坡形成错落有致的地形，以园路、水道为间隔，形成空间开合适宜、野趣盎然的东、中、西三大景区，宛如浑然天成。

中部主景区充分利用西湖引水工程穿过太子湾中部的明渠，以西岸翡翠园、东岸琵琶洲为主景点，其中西岸翡翠园中的融春亭为中心景观建筑。琵琶洲高高隆起，与翡翠园相互毗接。丘坡上遍植玉兰、含笑、樱花等观赏花木，下层衬以绣球、火棘及宿根花卉，花影照眼，馨香沁人，景致以春色称胜。

东部景区包括望山坪和颐乐苑中的拂尘池、逸心院、太极园等。望山坪是一大草坪，坪面宽广，视野开阔，既可眺望翠微山色，又可在草地上卧憩或嬉戏。大草坪南端有一处用浅红、灰黑二色磨面石块拼砌而成的太极圆形铺装，其直径约 10 m，游人到此晨可练拳习舞，夜可歌咏欢娱。

西部景区包括凝碧庄、逍遥坡、玉鹭池、谐音台等。西部景区逍遥坡草坪以自然植物限定空间，与远山构成了一道美丽的天际线，类似于英国风景式园林风格。草坪西部建一欧式教堂，是整个空间的视觉焦点部分。在空间布置上以大弯大曲、大起大伏、空阔疏远、简洁明快为特色。

5. 理微

（1）地形　太子湾公园历史上由于淤泥堆积逐渐淤塞成洼地，后因疏浚西湖又导致淤泥堆积覆盖层增高，1985 年，西湖引水工程开挖的引水明渠穿过太子湾，形成一块台地、两列低丘，奠定了太子湾最初的地形地貌。后期的改造设计通过挖池掘溪、堆丘开路的办法，将原有的引水明渠和土丘进行自然化处理，形成大大小小、绵延起伏的自然土丘，自然式蜿蜒曲折的水体与山丘融为一体，相互依存，创造出池、湾、河、谷、林等多样的园林空间。

（2）建筑与道路　园路共分七级八种，8 m 车行道环形，2.5 m 主干道串联各主要景点，其余园路沟通东西南北主干道，整体园路曲线流畅，两侧种植自然丰富的植物，形成景观多变的绿色廊道。公园内建筑数量不多，体量也比较小，但是设置必要和足够的休憩观景建筑和管理、服务、卫生用房。同时在建筑及工程构造的外装饰上，利用茅草、树皮、带皮原木、水泥仿木等材料和相应工程手段，模仿自然进行处理。

（3）植物配置　太子湾公园借鉴了中国传统园林的植物配置技法，同时吸收了英国风景式园林的植物配置优点。在太子湾公园，我们既可以体会咫尺山林的野趣，也可以领略简洁疏朗的英式自然风光。太子湾公园在上层植物的选择上多用含笑、乐昌含笑、水杉、池杉等乔木，可作为中层花灌木的背景，突出中层植物的季相性。中层植物多搭配色叶树种和花灌木，以樱花和玉兰为主。下层多配置绣球、石楠、鸡爪槭、火棘等色彩突出的灌木。植物也多采用本土树种，生长良好，容易存活。

（4）水体　太子湾公园凭借钱塘江—西湖引水工程带来的便利，用明渠引水以贯穿全园，使得水系贯通、灵动而清澈。邻园中的水大多以静水为主，如西湖景区中的花港观鱼、曲院风荷、柳浪闻莺等。而太子湾公园内结合池湾截流等方式来改变水的动向和流量，使园内动水景观灵活多变，可与西湖中的虎跑、九溪、玉泉等景区的灵动水景媲美成趣。积水成潭，截流成瀑，环水成洲，跨水筑桥，宛如世外桃源。园中水体曲折回环、分合聚散亦有数十处。或与路同行，或绕丘而轩，或平铺如泊，或以瀑布、溪流、跌水、潭池等多种形式迂回流淌后泄入西湖。

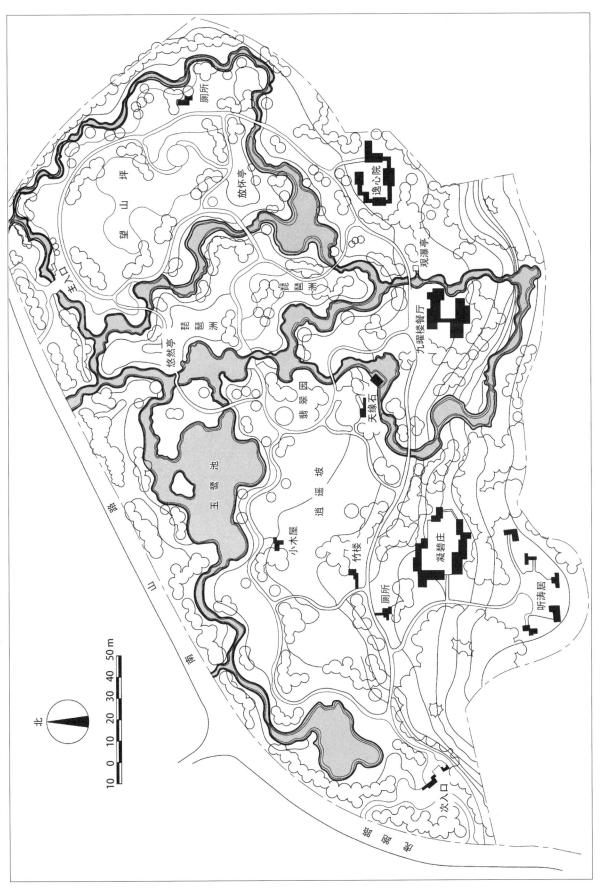

太子湾公园平面图

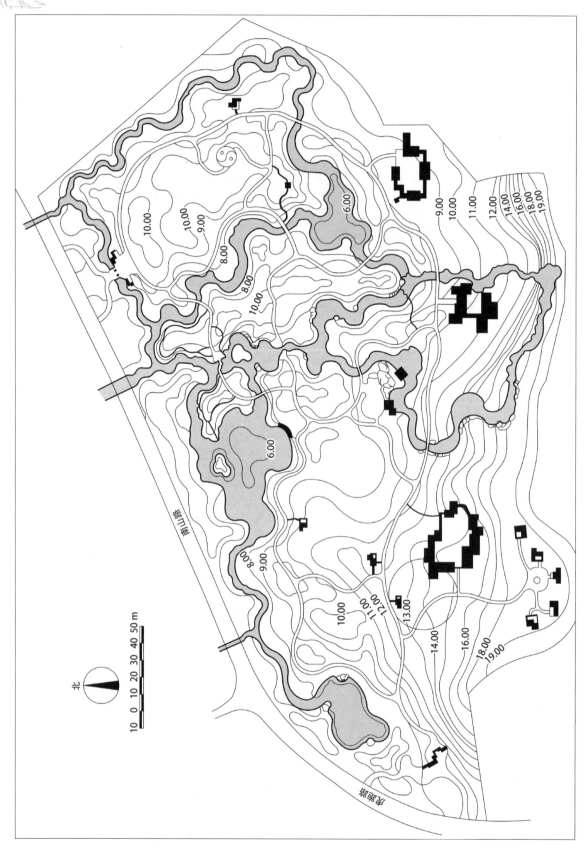

太子湾公园竖向设计图

6. 景区及空间分析

(1) 半开敞空间

①望山坪。望山坪空间草坪面积为 9 000 m²，开敞空间占 6 200 m²，覆盖空间 4 500 m²。北面群落由常绿植物乐昌含笑、川含笑、桂花形成密实的屏障，隔离了主入口的人流和喧嚣，同时又成为樱花厚实的背景；西面群落以日本樱花、红花檵木、郁金香为主景；东面群落以杂交鹅掌楸、石楠、无刺枸骨为主景，立面层次清晰；南面群落主要为湿地松和银杏。望山坪空间结合常绿植物与落叶植物限定空间，利用常绿植物完全限定边界，枝叶松散的落叶植物和低矮的中层乔木、地被植物不完全分割空间，营造出舒适的半开敞空间。

②逍遥坡。逍遥坡草坪长宽比接近 1：1。草坪面积 7 748 m²，开敞空间 4 100 m²，覆盖空间 1 600 m²。在杂木林林缘布置的欧式教堂，体量正合适，成为整个空间的视觉焦点，透过植物枝干，形成了一幅美丽的框景。逍遥坡使用无患子与樱花为主景植物，在树冠下形成林下空间，避免了烈日的暴晒，同时，透过树冠还能感受到光影斑驳之美，为游人沿路驻足停留欣赏美景创造了舒适的空间环境。无患子是杭州地区常见的秋色叶树种，秋季叶色金黄，与冷季型草坪配置在一起，仿佛为草坪镶上一道金边，色彩对比和谐。而早春樱花树满树白花，颇为壮观，以杂木林为背景，更显樱花淡雅、纯洁的气质。无患子和樱花两头配置，互成对景，无论是穿行其间还是透过草坪远观，都可以给人非常震撼的效果。

望山坪

逍遥坡的平面图和群落垂直结构

琵琶洲

（2）覆盖空间　公园沿园路布置大量樱花，樱花枝条开展，枝叶浓密，完全覆盖园路，树下植草坪，视线通透，形成林下通廊。琵琶洲四周有水，植物景观设计以滨水植物为主，包括湿生植物和水生花卉等。翡翠园内则以无患子、朴树、乐昌含笑等高大乔木进行布置，通过浓密的树冠来填补上层空间，塑造覆盖空间，提供了较大的活动和遮阴休息的区域。冬季落叶后，又变成了半开敞空间，满足人们对光照的需求。

（3）封闭空间　公园西南部的密林区郁闭度极高，但乔木的分枝点高，树冠之下留有足够的活动空间，同时中层去除了遮挡视线的灌木，使视线变得通透，消除了顶层过于封闭带来的压迫感，密林主要营造出一种自然野趣的山林空间，与东部疏朗的空间形成对比。

（4）垂直空间　在南山路的次入口，道路两旁栽植水杉和池杉这一类树干笔直的乔木，突出了垂直空间的向上延伸感，增加了景深。笔直整齐的水杉和池杉构成直立、向上的开敞空间，将人的视线引导向空中，能给人以强烈的封闭感，水杉倒映在湖面中，使空间的垂直感更加强烈。

太子湾公园严格遵循山有气脉、水有源头、路有出入、景有虚实的自然规律和艺术规律，沿着潺潺流水、蜿蜒小径而自寻妙趣，体现了"虽由人作，宛自天开"的神韵特点，是中国传统园林艺术和西方造园艺术的完美融合。

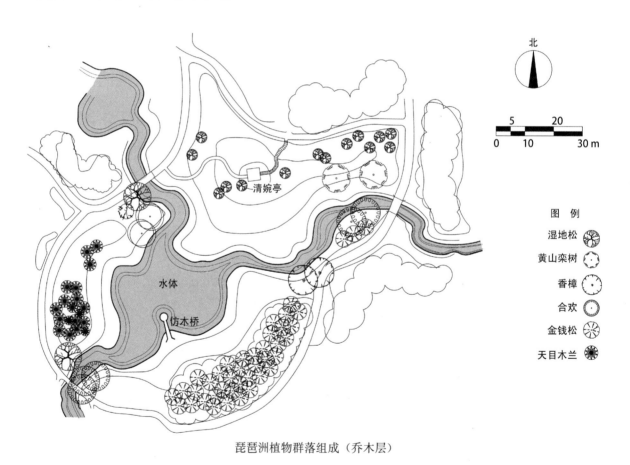

琵琶洲植物群落组成（乔木层）

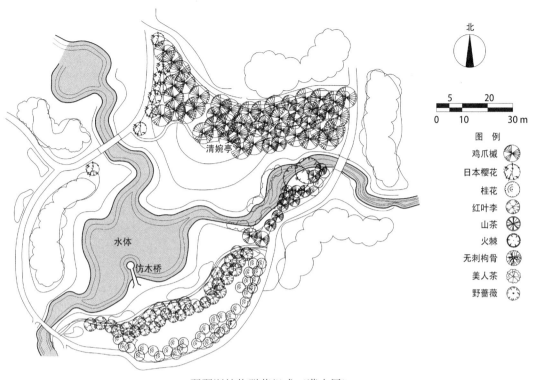

图 例

鸡爪槭
日本樱花
桂花
红叶李
山茶
火棘
无刺枸骨
美人茶
野蔷薇

琵琶洲植物群落组成（灌木层）

（四）实习作业

①以太子湾公园为例，总结自然山水园中地形与水系的处理手法。
②总结太子湾公园的植物配置特色，并画出两处植物配置示例图。
③选取园中景色优美之处速写两幅。

（五）思考题

简要分析太子湾公园水系的不同类型驳岸的设计特色。

（编写人：张　炜）

琵琶洲

望山坪

八、杭州中山公园

（一）背景介绍

杭州中山公园位于西湖孤山，由清代行宫的一部分改建而成，于孤山南麓中部，沿孤山山麓展开，各种景点结合山势地形布局，使得中山公园别具特色。

孤山景色早在唐宋时期就已闻名。唐代有孤山寺，南宋时建西太乙宫、四圣延祥观。清代在此建行宫，康熙、乾隆南巡时曾驻跸，雍正时西湖行宫一度闲置。雍正五年（1727），因浙江总督李卫奏"请改为佛寺，朝夕焚香顶礼祝颂圣德神功于万世"，钦定为圣因寺，与灵隐、昭庆、净慈三寺合称西湖四大丛林。《杭州通》记载："清末，为欢迎德国威廉王子来访，统治者辟圣因寺部分园地和西太乙宫苑，连成御花园。宣统三年（1911）浙军攻克南京，为祭祀阵亡将士，圣因寺部分建筑改作浙江忠烈祠，御花园改称为公园，拆去后墙与孤山相连。"1925年3月，孙中山在北京逝世，"1928年省政府以西湖本为一大公园，前设孤山公园毫无意义，兹拟改为中山公园以垂不朽，业经政府委员会决议通过并令杭州市市长照办。"为纪念孙中山先生，公园更名为中山公园。

现中山公园为清行宫遗址公园，对若干景点和遗迹加以恢复和保护利用，形成将天然风景、历史遗迹和现代公园相结合之特色。

（二）实习目的

①学习传统园林、历史遗迹等的保护和利用方法。
②学习融汇自然山水、古典园林于现代公园中的设计手法。

（三）实习内容

1. 明旨

《西湖新志》卷八中描述："公园，园踞孤山正中，俗称外行宫，盖高宗南巡至浙，曾建行宫于此。兵燹后仅重建文澜阁，余尽荒芜。今就其隙处改筑公园，为都人士游息之所，亭栏屈曲，花木参差，于此登眺，全湖在望，诚湖山最胜处也。中有浙军凯旋纪念碑，撰文者为汤寿潜，名勒石上。湖堤向有'万福来朝'牌坊，今已易为'复以光华'矣。"

孤山向为"人文渊薮"之所，中山公园纳清行宫累代胜景，兼衷湖山名胜、园林古迹和近现代公园之人文景物，是西湖景区的重要组成部分。

2. 相地

孤山海拔38 m，面积0.22 km²，是西湖群山中最低的山，山体地势平缓，坡度较小，易成山林台地，适于营建园林、布置建筑。孤山亦是西湖中最大的岛，间有建筑临水而建，形成相对独立的院落空间。

张岱《西湖梦寻》记叙："水黑曰卢，不流曰奴；山不连陵曰孤。梅花屿介于两湖之间，四面岩峦，一无所丽，故曰孤也。是地水望澄明，瀫焉冲照，亭观绣峙，两湖反景，若三山之倒水下。"《大清一统志》有言："孤山在钱塘县西二里，里、外二湖之间。一屿耸立，旁无联附，为湖山胜绝处。"

乾隆曾对西湖行宫选址孤山予以诗评："山环水复水环山，月地云居山水间。寺侧离宫临绝胜，春来驻跸寄几闲。"

3. 立意

（1）筑园立意　中山公园于清行宫遗址上构建，清行宫及其后苑的范围大致为南至西湖，北至孤山山脊，东至今浙江省博物馆，西面应包括今浙江图书馆孤山馆舍。

清康熙四十四年（1705），清圣祖玄烨第四次南巡杭州，以孤山锦带桥西为行宫。雍正十三年（1735）《西湖志》记载，西湖行宫的建筑分东、中、西三路纵深布局，东路为第一楼、涵清居，中路为西湖山房、揽胜斋，西路为澄观堂。此时后苑区范围较小，开发得也较晚，以泉池景观为主。

《大清历朝实录》记载乾隆十五年（1750）首次南巡，浙江巡抚永贵议奏："明岁南巡浙省……至西湖行宫，已奏改佛寺……其迤西一带，屋基甚宽，应并寺后山园，酌量划出，另建行宫。但就现在房屋，相度形势，从俭办理。"佐证乾隆时期对西湖行宫场地资源进行了充分再利用，其园林部分是从圣因寺山园划分而来，保留园中建筑和景物，西湖行宫八景至此正式形成。

西湖行宫后逐渐荒废。咸丰年间毁于兵燹，后仅重建文澜阁，其余尽荒芜。

民国时期，西湖行宫逐步从皇家私园转变为公园，因拆去后山围墙与孤山相连，其界限不分明，常认为孤山就是中山公园，园中营造西式草坪景观、设立花坛、新建若干纪念建筑，例如为纪念我国著名的艺菊专家张文莱，在原瞰碧楼旧址上新建万菊亭。后为纪念孙中山先生，公园改名为"中山公园"，北麓建中山纪念林和中山纪念亭。

新中国成立后，西湖周边的景苑陆续恢复和修缮，杭州中山公园成为西湖景区城市公园，1981年改光碧亭为"西湖天下景亭"，2008—2010年为保护清行宫遗址，杭州园林文物局于公园内实施清行宫遗址保护工程，将其作为一处遗址公园对游人开放。

（2）问名晓意　行宫八景——乾隆初次驻跸行宫，钦定八景为：四照亭、竹凉处、绿云径、瞰碧楼、贮月泉、鹫香庭、领要阁、玉兰馆。

西湖天下景

西湖天下景——孤山山腰亭名，匾额题曰"西湖天下景"。取自苏轼诗句："西湖天下景，游者无愚贤。深浅随所得，谁能识其全。"

4. 布局

参考《杭州府志》中行宫图等图片资料，可知清西湖行宫遗址位于孤山南麓，行宫主体应包括文澜阁、中山公园和浙江图书馆孤山馆舍。行宫后苑位于孤山南麓，南至行宫主体部分北侧院墙，东至孤山顶部四照亭处，西至今青白山居东侧，北至孤山山脊。行宫前设临湖木牌楼、东西朝房。宫内以垂花门、奏事殿和楠木寝宫为主线，东西两侧建有寝宫、看戏殿、箭厅、阿哥所、藏经堂、后照房及东西茶膳房等。行宫后为苑景，有四照亭等行宫八景。

孤山

整个行宫因山就势，设计精巧，集南方古典园林之大成，颇具台地园的营造精髓。依山势之蜿蜒整理出不同高度的平台，镶建庭院、建筑，点缀泉池、假山、折桥和方亭成山地小园。遗址现状总体格局保存完整，地表可见御碑亭基础、汉白玉柱础、太湖石门档、湖石假山及各类石刻等。

5. 行宫遗址保护建设

头宫门——清行宫入口，系清式三开间硬山双坡顶木构建筑。台基高0.5 m，其陛板、角柱、阶条、垂带、踏垛、象眼石等均为清代遗物。头宫门两侧翼墙尚存清代青石须弥座墙基。

中山公园入口

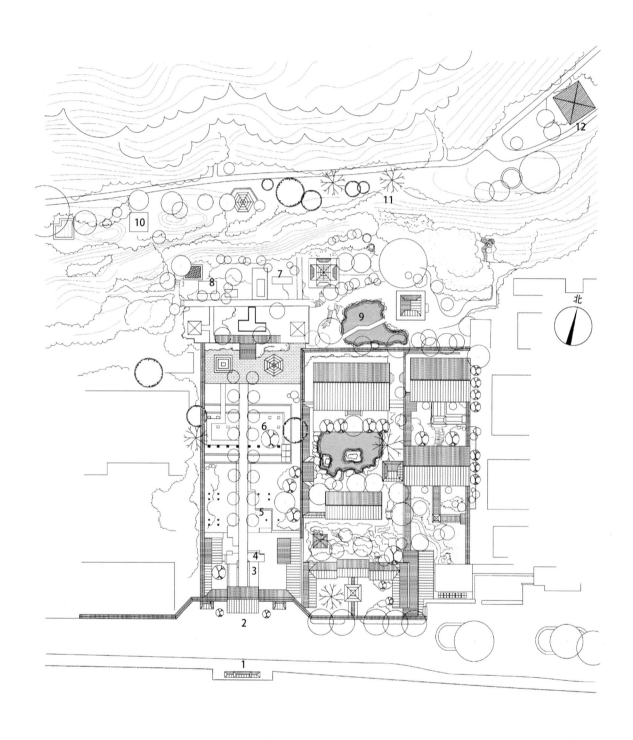

清行宫遗址景区图

1. 牌坊	2. 头宫门	3. 垂花门遗址
4. 月台遗址	5. 奏事殿遗址	6. 楠木寝宫遗址
7. 鹭香庭遗址	8. 玉兰馆遗址	9. 贮月泉
10. 领要阁遗址	11. 绿云径	12. 四照亭

垂花门遗址——垂花门为清行宫轴线上第二进院落入口，坐北朝南，三开间建筑，东西两侧接抄手游廊。现存青石砌筑的须弥座台基，面宽 12.6 m，进深 4.9 m，雕刻有精美花饰。

奏事殿遗址——奏事殿为乾隆会见朝臣的宫殿，是行宫主轴线上第二进主体建筑，坐北朝南，五开间加周圈廊格局。现存清代汉白玉云龙纹柱础 4 只，以及台基等宫殿基础部分，如地垄石、砖砌柱墩。台基面宽约 28 m，进深约 12 m，现仅展示建筑明间部分遗存，其余埋于东西两侧绿地之下。

楠木寝宫遗址——楠木寝宫为皇帝生活起居的宫殿，是清行宫主轴线上第三进主体建筑，坐北朝南，五开间加周圈廊格局。现存台基为清代原物，面宽约 28 m，进深约 14 m，有清代汉白玉云龙纹柱础 5 只。寝宫西侧围墙青石须弥座墙基为清代原物，东侧有前廊接东厢房。寝宫北侧尚有第四进院落，为后照房，现仅展示部分院落铺装。

鹫香庭遗址——鹫香庭原为清乾隆御题行宫八景之一。此处丛桂常青，花开时天香馥郁，子累累如瑶珠，旧志所称月中桂也，唯灵鹫山中有之，遂取"鹫岭天香"句意，御题曰"鹫香庭"。现遗址展示部分包括鹫香庭台基、庭院、走廊及围墙遗址。

鹫香庭遗址

玉兰馆遗址——玉兰馆原为清乾隆御题行宫八景之一。此处原植玉兰数株，远望如琼枝玉树，乾隆御题曰"玉兰馆"，并赋诗题咏："对峙白琳树，迎阶为我开。判春标雅致，名馆称清裁。一晌教神往，他时待客来。举王非慕蔺，自分谢吟材。"现遗址展示部分包括玉兰馆台基、西厢房台基、庭院、戏台遗址。

贮月泉——贮月泉原为清乾隆御题行宫八景之一。此处原有泉出崖间，一泓曲池，水月清光，互相映发，乾隆御题曰"贮月泉"，并赋诗题咏："乳窦贮天池，嫦娥小浴之。一泓清且浅，满魄静相宜。未许鱼龙混，还欣松桂拔。广寒合云表，消得夜眠迟。"

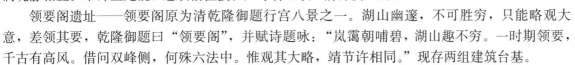

贮月泉

领要阁遗址——领要阁原为清乾隆御题行宫八景之一。湖山幽邃，不可胜穷，只能略观大意，差领其要，乾隆御题曰"领要阁"，并赋诗题咏："岚霭朝哺碧，湖山趣不穷。一时期领要，千古有高风。借问双峰侧，何殊六法中。惟观其大略，靖节许相同。"现存两组建筑台基。

绿云径——绿云径原为清乾隆御题行宫八景之一。此地密林笼翠，烟云滋润，假山奇峰如闲云飘然，乾隆御题曰"绿云径"，并赋诗题咏："径纤探绝胜，森秀入苍云。苔迹时留印，樵斤未许闻。蒙蒙湿鹤毳，濯濯润螺纹。谢傅东山好，微嫌丝竹纷。"现存部分假山和三块乾隆御题诗文石刻。

四照亭——四照亭原为清乾隆御题行宫八景之一。亭居孤山之巅，湖光山色，环绕辉映，旧有清雍正题额"云峰四照"，乾隆御题"四照亭"。现石制须弥座台基仍为清代遗物，亭系 1956 年依原样重建。

（四）实习作业

①测绘西湖天下景亭周围场地平面图，并标明竖向变化。
②任选两处遗址速写二幅。

（五）思考题

①简述近代园林建设中西方风景式园林与中国传统掇山理水园林的结合对当今公园建设的启示。
②在当今城市化背景下，重新审视遗址价值并思考其保护利用策略。

（编写人：刘倩如）

西湖天下景

孤山 刘晓钰摄影

鹫香庭 刘晓钰摄影

清行宫遗址——贮月泉 刘晓钰摄影

中山公园入口 刘晓钰摄影

第三章

上海园林

第一节 上海城市绿地综述

（一）上海市概况

上海简称"沪"或"申"，中华人民共和国直辖市，国家中心城市，超大城市，中国的经济、金融、贸易、航运中心，首批沿海开放城市。地处长江入海口，东隔中国海与日本九州岛相望，南濒杭州湾，西与江苏、浙江两省相接。

上海是一座国家历史文化名城，拥有深厚的近代城市文化底蕴和众多历史古迹。江南传统吴越文化与西方传入的工业文化相融合形成上海特有的海派文化，上海人多属江浙民系，使用吴语。早在宋代就有"上海"之名，1843年后上海成为对外开放的商埠并迅速发展成为远东第一大城市，今日的上海已经成功举办了2010年世界博览会、中国上海国际艺术节、上海国际电影节等大型国际活动。

上海辖16个市辖区，总面积6 340 km²，属亚热带湿润季风气候，四季分明，日照充分，雨量充沛。上海气候温和湿润，春秋较短，冬暖夏凉。1月最冷，平均气温约4℃，通常7月最热，平均气温约28℃。境内河道（湖泊）面积约500 km²，河面积率为9%～10%；上海市河道长度2万余千米，河网密度平均为3～4 km/km²。

上海是中国重要的经济、交通、科技、工业、金融、会展和航运中心，是世界上规模和面积最大的都会区之一。2019年，上海荣登中国社会科学院颁布的年度中国城市品牌指数前10强。上海港货物吞吐量和集装箱吞吐量连续多年均居世界第一，是一个良好的滨江滨海国际性港口。上海也是中国大陆首个自贸区"中国（上海）自由贸易试验区"所在地。上海与江苏、浙江、安徽共同构成的长江三角洲城市群已成为国际六大世界级城市群之一。

（二）上海城市园林绿地发展历程

1842年，清政府在鸦片战争中战败，被迫签订《南京条约》，上海因此也成为最初的五个通商口岸之一。随后，英、美、法等国相继在上海划定租界。1868年，英国殖民者在上海建成了外滩公园（今黄浦公园）。外滩公园不仅是上海，也是中国的第一个公园。20世纪初，又在公共租界和法租界相继建成了虹口游乐场（今鲁迅公园）、顾家宅公园（今复兴公园）、极斯非尔公园（今中山公园）。至1927年，两处租界共建成14个公园。此时，上海市内只有一些零散的公园、绿地，没有形成一个完整的绿地系统，公共绿地的布置也主要以公园形式为主。这些公园名义上对所有公众开放，但实际上除了苏州河畔的一个小公园（俗称华人公园）之外，其他公园都只对外国人开放，直到1928年才向中国人开放。

1927年，南京国民政府成立后，为了打破上海公共租界和法租界独占城市中心的局面。上海特别市政府借鉴了一些欧美国家的城市规划思想，编制了《大上海计划》和《市中心区域计划》，这是上海城市绿地系统规划的开端。1945年8月，日本投降后，上海特别市政府接管了受外国人控制百年的租界。此时，上海亟须一个完整的都市计划。1946年，都市计划委员会编制《上海市都市计划总图草案》，规划了城市绿化系统，包括城市环区绿地、绿化隔离带等。但由于战争原因，以上计划大都未能付诸实施。

1949 年前的上海有了一些绿化建设，但公共绿地是零散的，没有形成城市绿地系统的专业规划。上海市平均每年仅开辟 0.6 hm² 的绿地，各种公园绿地面积约为 89 hm²。这些绿地绝大部分集中于租界和上层人士聚居的住宅区，市民群众居住集中的南市、普陀、杨浦等地区没有一块公共绿地，人均公共绿地面积极少。

1949 年后，上海市人民政府决定修建、改建、新建一批公园。其中原先的跑马厅北半部被改建为人民公园、原高尔夫球场也被改建为西郊公园（今上海动物园），还新建了长风、杨浦、和平等一批综合性大型公园。到 1978 年，市区绿化面积达到 761 hm²，人均公共绿地面积由 1949 年初的 0.13 m² 增加到 0.47 m²，29 年间上海绿地年均增长量约 23 hm²。

改革开放后，上海城市绿地建设也步入稳定发展阶段，据统计，1993 年上海市全市绿地面积增至 4 654 hm²；公园达到 91 个，共 741 hm²；人均公共绿地面积增至 1.15 m²；绿化覆盖率达到 13.78%。然而，上海市的绿地水平与国家标准以及国内外的大城市相比仍然存在较大差距。

1994 年，《上海市城市绿地系统规划（1994—2010）》发布，对上海城市绿地建设提出了更加系统合理的布局要求。规划设想通过建成城市外围大环境绿环、市内绿核以及绿色通道来完善上海城市绿地总体布局结构，丰富城市绿地类型。

2002 年，《上海市城市绿地系统规划（2002—2020）》出台，该规划以构建大都市圈绿化林业布局结构为指导思想，提出建设"环、楔、廊、园、林"的总体布局结构，创建城乡一体、具有特大型城市特点的绿化体系。截至 2003 年底，上海城市绿地面积增至 24 426 hm²；公共绿地面积达到 9 450 hm²；人均公共绿地面积增至 9.16 m²；绿地率达到 32.1%（表 1）。2004 年 1 月 13 日，上海正式步入国家园林城市行列。

表 1　上海绿地建设发展情况（1999—2005）

年　代	城市绿地/hm²	公共绿地/hm²	人均公共绿地/m²	绿地率/%
1999	11 117	3 856	3.62	17.67
2000	12 601	4 812	4.60	9.56
2001	14 771	5 730	5.50	21.48
2002	18 758	5 820	7.81	27.76
2003	24 426	9 450	9.16	32.10
2004	26 689	10 979	10.11	34.14
2005	28 865	12 038	11.01	35.01

跻身国家园林城市，这只是上海环境建设的新起点。"十一五"期间，围绕建设生态型城市目标，进一步完善"环、楔、廊、园、林"总体布局结构，促进市域绿地、林地和湿地的连接，构建以自然保护为主、功能复合的多尺度城乡一体化绿色生态网络化系统框架。

根据上海市人民政府 2018 年 1 月发布的《上海市城市总体规划（2017—2035）》，上海市的城市发展定位为"卓越的全球城市"和"社会主义现代化国际大都市"。在这一轮的规划中，上海市从"生态空间"的概念进行空间分区管控，生态环境建设充分考虑了整体性，将绿地和水系作为生态空间进行管控，并且从宏观区域尺度定位上海市的环境建设目标，严格控制建设的强度，体现出在规划思路上向以生态修复、保护为主，人工干预性的开发建设为辅的发展转变。并且引入多功能开发的理念，以增强土地利用的多功能性来引导土地综合开发利用。根据最新一轮规划，至 2035 年，确保市域生态用地（含绿地广场用地）占市域陆域面积 60% 以上，其中落实 1 000 km² 永久基本农田和 1 333 km² 耕地保有量目标，森林覆盖率显著提升，人均公园绿地面积达到生态园林城市标准。

（三）上海市绿地系统规划的发展历程及特色

1. 上海市绿地系统规划内容演变

2002 年，在绿地系统规划进行修编的背景下，上海市以大都市圈绿化林业布局结构的规划为指导思想，制定了"环、楔、廊、园、林"的市域绿化结构及总体布局结构，推进"二环二区三园、多核多廊多带"的绿化林业布局结构建设，完善绿地类型和布局，形成上海市绿化系统规划，为逐步构建多尺度、功能复合的城乡一体化绿色生态网络体系奠定了基础。

2021 年《上海市生态空间专项规划（2021—2035）》颁布，提出要建设与"卓越的全球城市"总目标相匹配的"城在园中、林廊环绕、蓝绿交织"的生态空间，打造一座令人向往的生态之城。以公园城市理念满足市民对城市美好生活的向往，以森林城市理念构建超大城市韧性生态系统，以湿地城市理念促进人与自然和谐共生。通过"公园体系、森林体系、湿地体系"三大体系和"廊道网络、绿道网络"两大网络建设，完善体系构建与促进品质提升，保障城市生态安全、提升城市环境品质、满足居民的休闲需求。

当下，按照新一轮总体规划提出的建设生态之城的要求，深入贯彻新发展理念，加强对生态空间科学合理的保护与利用，满足市民多元生态需求的供给与平衡，探索新时代超特大城市可持续发展新路径刻不容缓。

城市绿地系统是一个拥有进化能力的有机体，伴随着城市发展的机遇与挑战而进行着有机进化。上海市系统规划的内容从绿化系统到绿地系统再到生态空间规划，逐步建设和完善着城市绿色基础设施架构，促进城市和谐与可持续发展，促进城市文、地二脉的传承与保护，积极应对自然灾害，改善人居环境，提升着人民的生活质量。

2. 上海市绿地系统规划发展趋势

上海市绿地系统的发展经历了从无机系统到有机系统、从单一分散到相互联系、从联系到融合，最终走向网络连接、城郊融合的过程。而在不断的研究与实践中，上海市将进一步构筑起城乡融合的多层次、多效益绿地，不断优化城市大环境下的生态绿地网络系统。完善由国家公园、区域公园（郊野公园等）、城市公园、地区公园、社区公园（乡村公园）为主体，以微型（口袋）公园、立体绿化为补充的城乡公园体系。

在我国快速城镇化的背景下，上海市作为经济发展快速、城市建设活跃的特大城市，为了应对不断增加的城市规模、生态环境保护、城乡一体化发展、可持续发展、城市安全等方面的挑战，在绿地系统规划层面不断拓展和深化着研究方法及编研内容，逐步构建起一个网络化的市域生态格局——"双环、九廊、十区"。

双环锚固城市组团间隔，防止城市蔓延；九廊构建市域生态骨架，形成通风廊道与动物迁徙通道；十区保障市域生态基底空间。分析其规划的特点和趋势，对国内其他城市绿地系统规划编制起着启示作用的同时，也对新形势下如何科学有效地利用城市空间、让城市发展保持弹性有着重要的理论意义和实用价值。

同时，滨水绿地和滨水公共空间规划建设已成为上海城市绿色生态空间规划建设的重点领域，上海近年来完成了如上海杨浦滨江等一大批精品项目，积累了许多成功经验，持续推动城市绿色生态空间建设，提升了城市公共环境建设和治理水平。黄浦江、苏州河将会是上海建设"卓越的全球城市"的代表性空间和标志性载体。

在以后的规划中，上海将要构建长三角区域"江海交汇，水绿交融，文韵相承"的生态网络。共同维护区域生态基底，共同完善长三角生态区域的保护，严格控制滨江沿海及杭州湾沿岸的产业岸线，加强区域生态廊道的相互衔接，加快构建区域性生态空间网络。

上海市生态空间结构图

3. 上海市绿地系统规划特色

上海市城市绿地规划通过地域特色鲜明的手段和方法不断应对着城市发展与绿地保护的矛盾，不断完善着绿色网络，协调绿地建设与城市空间结构发展的关系，强化城市绿地的生态功能，经过较长时期的大量规划实践，形成了特色鲜明的绿地系统规划体系。

上海市将要构建"双环、九廊、十区"的多层次、成网络、功能复合的生态格局。环城绿带强化中心城与周边地区的生态间隔，同时已成为上海市重要的生态休闲空间；近郊绿环通过第二圈层沿路沿河形成的生态绿环建设，强化主城区及周边地区与郊区新城之间的间隔。近郊绿环建设用地占比控制在20%以下，森林覆盖率达到50%以上。九条生态走廊宽度按1 000 m控制。市级生态走廊内建设用地占比控制在11%以下，森林覆盖率达到50%以上。十片生态保育区，加强各类生态要素的融合发展，促进基本农田集中连片建设。划定土地整备引导区，实施土地综合整治，优化市域耕地保护总体布局，提高耕地质量和加强高标准农田建设，构建田园化的都市农业空间布局。

在绿地数据指标方面，上海市近年均稳中上升（表2、表3），这也反映出在绿地规划与建设中对生态效益等较深层次目标的挖掘与重视。在"十三五"期间，全市拟新建绿地6 000 hm²（其中公园绿地2 500 hm²以上），新增林地面积200 km²以上。到2035年，确保市域生态用地（含绿地广场用地）占市域陆域面积60%以上，森林覆盖率达到23%左右，人均公园绿地面积力争达到13 m²以上，中心城人均公园绿地面积达到7.6 m²以上，公园绿地实现500 m服务半径全覆盖。

表2　主要年份城市绿地情况

| 年份 | 城市绿地面积/hm² | 其中 | | | | | 公园数/个 | 游园人数/万人次 | 行道树实有树/万株 | 新辟绿地面积/hm² | 绿化覆盖率/% |
		公园绿地/hm²	生产绿地/hm²	防护绿地/hm²	附属绿地/hm²	其他绿地/hm²					
1990	3 570	983	294	37	2 255		83	8 474	23	186	12.4
1995	6 561	1 793	309	30	4 429		100	9 064	33	516	16.0
2000	12 601	4 812	388	55	7 346		122	8 184	57	1 458	22.2
2001	14 771	5 820	248	78	8 624		125	8 561	65	1 374	23.8
2002	18 758	7 810	267	178	9 591	912	133	8 796	68	2 600	30.0
2003	24 426	9 450	335	2 675	10 631	1 335	136	9 629	74	4 904	35.2
2004	26 689	10 979	335	2 669	11 397	1 309	136	13 381	80	2 434	36.0
2005	28 865	12 038	336	2 743	12 464	1 284	144	13 656	83	2 116	37.0
2006	30 609	13 307	331	2 869	13 218	884	144	16 652	86	1 691	37.3
2007	31 795	13 899	204	2 025	14 784	884	146	18 342	69	1 629	37.6
2008	34 456	14 777	189	2 039	16 120	1 331	147	22 119	73	1 190	38.0
2009	116 929	15 406	230	1 877	17 376	82 040	147	21 671	76	1 096	38.1
2010	120 148	16 053	230	1 936	18 589	83 340	148	21 794	81	1 223	38.2
2011	122 283	16 446	213	2 081	19 442	84 102	153	20 481	93	1 063	38.2
2012	124 204	16 848	269	2 087	20 084	84 917	157	22 231	98	1 038	38.3
2013	124 295	17 142	267	2 089	20 645	84 152	158	20 574	99	1 050	38.4
2014	125 741	17 789	417	2 152	23 020	82 363	161	22 286	103	1 105	38.4

表 3　主要年份各项指标情况

指标	1990 年	2000 年	2010 年	2013 年	2014 年
城市人均公园绿地面积/m²	1.02	4.60	13.00	13.38	13.79
城市绿化覆盖率/%	12.4	22.2	38.2	38.4	38.4
森林覆盖率/%	5.5	9.2	12.6	13.1	14.0

《上海市城市总体规划（2017—2035）》中提出"打造卓越的全球城市，突出中央活动区的全球城市核心功能"。黄浦江、苏州河（"一江一河"）是上海建设"卓越的全球城市"的代表性空间和标志性载体。一江一河的规划建设，以还江于民理念为引领，对标国际一流标准，建设卓越全球城市的一流滨水区。2017 年黄浦江沿岸 45 km 公共空间贯通，2018 年上半年启动了苏州河中心城段滨水贯通工作，一江一河的规划建设工作进入全面提升阶段。经过近几年的建设，随着一系列工程项目的落地实施，一江一河沿岸发生显著变化，一个功能复合、空间有序、生态良好、文化时尚、景观优美、富有活力的滨水公共空间体系逐步呈现。

上海现今的绿地系统规划，将进一步健全生态网络体系，建设与卓越的全球城市总目标相匹配的"城在园中、林廊环绕、蓝绿交织"的生态空间，打造一座令人向往的生态之城；满足人民日益增长的对优美生态空间的需求，建设天更蓝、水更清、地更绿，人与自然和谐共生的美丽上海。

（四）上海市代表性绿地

（1）综合公园（G11）　黄浦公园、鲁迅公园、上海长风公园、徐家汇公园、黄兴公园、上海方塔园、上海世纪公园、上海和平公园、上海中山公园、延中绿地等。

（2）社区公园（G12）　上海复兴公园、凉城公园、梅川公园、海棠公园、莘城中央公园、松江中央公园、豆香园、永和公园、徐汇跑道公园、黄浦江耀华滨江公共绿地等。

（3）专类公园（G13）　共青森林公园、上海辰山植物园、上海滨江森林公园、上海世博公园、上海迪斯尼主题乐园、上海海昌海洋公园、上海大观园、上海植物园、佘山国家森林公园、上海野生动物园、豫园、古漪园、上海艺仓美术馆水岸公园等。

（4）游园（G14）　上海三林老街滨河公园、上海宝山滨河公园、创智公园、不夜城公共绿地、陆家嘴公共绿地、上海苏州河九子公园、太平桥公园、杨浦滨江公共绿地等。

（五）绿地与上海旧城更新

在上海城市更新中，公共绿地建设为缓解物质结构老化和城市功能衰退，改善生态环境和维护城市历史风貌做出了极大的贡献。新中国成立后上海旧城改造中的绿地建设主要分以下四个阶段。

1. 忽视绿地的建设（1949—1983）

1983 年之前，在城市总体规划中虽然对城市绿地规划有所考虑，但一直没有编制专门的城市绿地规划。由于生产的重要性，城市改造的指导思想是充分利用旧城，为发展生产服务。

2. 绿地结合旧城改造见缝插针式建设（1983—20 世纪 90 年代初）

1983 年 9 月，上海市规划局编制了《上海市中心城绿化系统规划图》及《上海市园林绿化系统规划说明》。在普遍种植行道树的基础上，有计划地开辟环状绿带与放射林荫干道，扩建、改建已有园林绿地。结合简、棚屋和危房的改建及有严重"三废"的工厂、仓库、堆场、车队等的用地调整，按照"小、多、匀"原则，积极发展居住区公园和小区公共绿地。结合优秀建筑保护，以革命遗址和优秀建筑为主体，充实园林绿地，改善建筑环境。

3. 绿地建设结合旧城历史风貌保护与开发利用（20世纪90年代—21世纪初）

随着经济建设步伐的加快，上海愈发感受到历史文化保护的重要性，因此制定了历史文化名城的保护规划，规划确定了12个历史文化风貌区，并由政府带头保护与更新、实践街区建设项目，如上海历史文化风貌区及风貌道路的保护规划制定与管理控制、外滩源地区及外滩滨水区的保护改造、思南路等若干历史街区保护整治试点推动以及以上海雕塑艺术中心为引领的红坊艺术创意区建设等，结合这些项目建设广场绿地。为缩小与世界著名国际城市之间的差距，上海进一步深化细化绿化规划，并依据规划建设了外滩综合改造工程的绿带、人民广场绿地、徐家汇广场绿地、杨高路两侧的绿带、内环高架路下的绿带，新建、扩建了民星、泗塘、友谊、济阳等一批公园。这些绿地在不同程度上都缓解了城市的生态问题，并在设计中体现和延续了上海的历史文化。

4. 绿地成为改造旧城工业废弃地和延续场地文化的重要模式（21世纪初至今）

从2005年开始，政府参与将原有工业用地变为公共文化娱乐产业用地，同时引入城市文化设施、城市公共绿地等，服务于广大市民。在徐家汇公共绿地建设中，原大中华橡胶厂内的部分建（构）筑物被保留下来，成为城市绿地景观的一部分。2010年上海世界博览会，选址于中国近代工业的发源地——南市工业厂区。在世博园区有25 hm² 的工业厂房被保留下来，占园区总建筑面积的60%。这次世博园绿地建设在利用工业废弃地、维护城市历史文化风貌方面做了巨大的尝试并取得了良好的效果。

《上海市城市总体规划（2017—2035）》中明确提出要转型城市发展模式，代表着上海将从新开发为主转入再开发为主的城市发展模式，城市倡导精细化运作，城市更新将成为上海城市建设和发展的主要方向。这意味着在将来，城市绿地建设将与城市更新联系得越来越紧密，像徐家汇公园、后滩公园这样的在改造原场地基础上建设起来的公园绿地，以及城市微更新带来的微绿地建设将会越来越多。

（编写人：吴雪飞）

第二节 上海经典园林介绍

一、静安公园

（一）背景介绍

上海静安公园北临南京西路，西临华山路，南为延安中路，东接居民住宅，全园呈"凸"字形，著名的静安古寺位于其对面。全园面积 3.36 hm²，有"城市山林"之称。其前身为静安寺外国坟山，大约在清光绪六年（1880），当时英租界工部局购得租界外的土地建造坟山，埋葬客死他乡的英国及其他外国人的遗体；新中国成立后，建成静安公园。1998 年，静安公园实施改建，建设成为一个具有现代园林特色和历史文化内涵的集休闲、健身、娱乐、观赏、游憩于一体的开放式城市公园。

（二）实习目的

①学习城市地造园的手法。
②学习场地设计时与周边城市用地相邻边界的处理方式。
③学习如何尊重历史遗产、如何挖掘历史资源。
④学习丰富多样的园林空间布局手法。
⑤学习竖向高差变化地点的工程处理方式。

（三）实习内容

1. 明旨

静安公园前身为静安寺外国坟山，且著名的静安古寺位于其对面，遂取名静安公园。1995年在上海静安南京路功能开发国际研讨会上确定的静安南京路发展目标为：商业商务发达、服务体系健全、生态环境优良、文化气息浓郁的外向型、多功能的现代化商都。因此，静安公园在1998年改建过程中注重与上位规划的衔接，慎重保护原有历史遗产，充分挖掘、利用历史文化资源，营造出丰富多样的园林空间。

2. 相地

《园冶·城市地》中写有："市井不可园也；如园之，必向幽偏可筑，邻虽近俗，门掩无哗……足征市隐，犹胜巢居，能为闹处寻幽，胡舍近方图远；得闲即诣，随兴携游。"静安公园位于上海城市中心静安区，为城市地中心的一块闹市绿洲。静安公园北面的南京西路，与南京东路构成繁华的城市商业街，南京西路静安寺地铁站（目前为地铁 2、7 号线的换乘站）位于静安公园对面，与静安公园毗邻的静安寺下沉广场有连接良好的地下步行系统，其中 5 号地铁口通往静安寺地下下沉广场，连接伊美地下广场。因此，该区域形成了以静安寺为核心、静安公园为主导的商业中心型轨道交通站域，该站域汇聚了众多跨国公司，具有大型购物中心，是上海顶级商务写字楼的聚集地，以上属性极大地提升了静安寺站域公共空间的使用功能。

伊美地下
广场

3. 立意

①慎重保护原有历史遗产，包括公园大道两侧 32 棵百年以上的悬铃木和 68 棵名贵大树、百年欧陆风韵的纯白色大理石亭、当代教师雕像等。

②充分挖掘、利用历史文化资源，将历史上"静安八景"再造于园内。

③满足不同层次、不同年龄游客对公园功能的需求。

④有机处理公园与周边地铁站、变电站、高架道路之间的关系，弱化非园林构筑物对公园整体性的破坏。

4. 布局

（1）入口空间　公园北侧入口为主入口，主入口处银杏广场面积约 3 000 m²，从功能上既考虑了地铁静安寺站出入口最大人流的集散需求，同时又考虑了社区开展广场文化活动等对开敞、旷达空间的需求，既为静安寺地区商业蓄流，又起到把人流导入游园的作用。公园南侧有 2 个入口，分别位于公园西南、东南角，为延安中路一侧游人提供便利。

（2）历史人文空间　静安公园历史胜迹有八处，包括赤乌碑、陈朝桧、虾子潭、讲经台、沪渎垒、涌泉、芦子渡、绿云洞。静安公园东侧建造了浓缩"静安八景"的八景园。八景园面积约 2 300 m²，巧妙地运用了小中见大、遮隔景深等中国传统造园艺术手法，布局水系、假山、亭台、石碑、曲桥、花木等景观元素，设计精妙独到，建筑比例适宜，堪称园中园建造的精品佳作。

八景园

（3）大草坪空间　大草坪空间位于静安公园的东南侧，面积约 4 500 m²，运用高大的罗汉松勾勒大草坪的边角，形成空间主景。游人由北侧幽闭的八景园空间转入此开敞空间，体会豁然开朗的境界感受。

大草坪空间

（4）山林空间　山林空间位于静安公园百年悬铃木大道西侧，气势恢宏。设计因地制宜地利用北侧地下空间顶部与地面的竖向落差，因势堆砌大型假山，栽植花木，并充分利用高差变化，设计瀑布水景，并于山顶高处布设观景平台，巧妙地形成自然幽静的山林空间。

5. 理微

（1）山水　山石、水体是自然之物，能给人们带来亲近自然感、田园野趣感。山为园林之骨，水是园林之脉。静安公园多处运用山水组合，西侧充分利用山林空间的竖向变化营造假山、瀑布、湖面空间；采用太湖石堆砌峭壁，蓄水宛若"天池"，山涧中的溪流自然汇入，池满则飞流而下，形成"镜中飞练"的景观，而后汇入园中湖面，大水面约 1 000 m²。东侧八景园中水体面积约 350 m²，结合绿云洞、讲经台、涌泉等景点堆叠假山、石峰，可游可赏；"涌泉"形成潺潺溪流，最终汇入虾子潭。东、西两侧山体水系形态各异，左顾右盼，尺度精妙，景致特别，为园林山水理微的精品佳作。

（2）建筑　静安公园西侧山林空间借山顶水际，布设凉亭、棚架，形成丰富的回游式空间序列景观，亦突出山顶制高点"安亭得景"的景观效果；山林南侧大水面西端布设连体坡面园林建筑，与水体空间相互得宜，并与山顶亭、架互为对景，增加空间景深。东侧八景园沪渎垒城墙外侧耸立巨石构筑的棚架，简洁而粗犷；水面东侧屋舍，纯朴而自然，极好地浓缩和概括了"静安

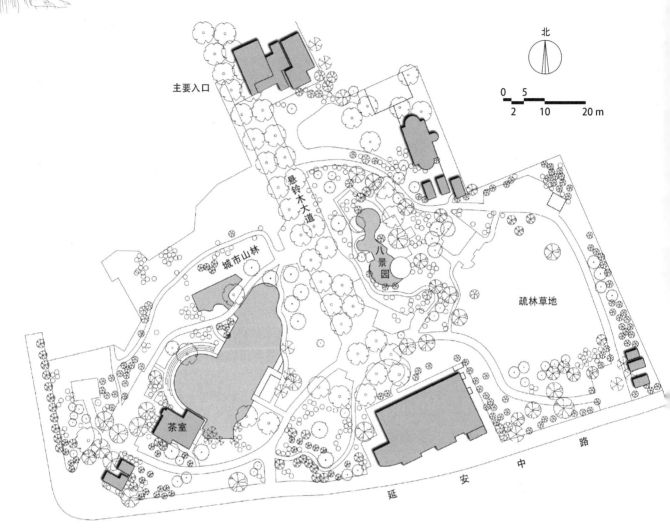

主要入口

悬铃木大道

城市山林

八景园

疏林草地

茶室

延 安 中 路

北

0 5
2   10   20 m

静安公园平面图

八景"园中园的意境和特征。

（3）植物配置　植物配置充分考虑山林、水面、草坪、园中园的空间意境，合理配置植物，繁而不杂，形成多样的景观效果。

悬铃木大道

①悬铃木大道。尊重原有场地历史遗产，慎重保护公园大道两侧 32 棵百年以上的悬铃木，"斯谓雕栋飞楹构易，荫槐挺玉成难"，如今成为静安公园最具特色的园景。

②园中园。八景园采用了孤植、片植的植景设计手法。在赤乌碑前种植合欢，自然倾俯，浓荫馥郁，与碑前照壁相得益彰；园内片植竹林，随风摇曳，似乎在诉说着那一百多年前的历史烟云；园内东侧片植水杉林，以掩藏园界，增加景深。

③山林空间。充分利用乡土植物营建自然植物群落，并结合观赏花木种植，与山顶亭、架左右映衬，园路于花中取道、相互顾盼。

水面空间

④水面空间。西侧大水面中的水生植物配置充分考虑了水面大小的环境差异、建筑倒影的景观效果，富有艺术感；八景园中的水生植物较为丰富，表现自然野趣。

⑤大草坪空间。八景园的东南侧为疏林草地空间，北侧视觉焦点为纯白色大理石亭、当代教师雕像，凸显了草坪空间的主题；南侧视觉焦点为浓密的罗汉松林，构成草坪空间背景的同时，遮掩了静安公园的南侧入口，同时形成了南侧入口的障景，避免南侧入口一览无余。

（4）园路　园林中的道路不仅具有通行功能，还具有引导功能，引导游客随着景点进行游览，步移景异，并通过游览线将每一个空间串联成为一个整体的园林观赏系统。园路设计采用回环式，在公园西侧山林空间曲径通幽、于花中取道；在山林至大水面过渡空间采用先抑后扬、以小见大的手法，游览线路注重捕捉近景、中景与远景的丰富变化景观；在东侧八景园则结合曲桥、步石、竹林、建筑、石碑等景观元素不断变化，串联八景，引人入胜。

（5）工程细部　公园西侧的土山堆叠充分借助了公园北侧地下建筑顶板和地铁变电站两者的高差，经覆土形成。但顶板承重仅为 5 t/m²，如按照最厚处填土 4 m 计算，局部负荷将超载，工程细部充分考虑种植覆土深度（1.2～1.5 m）和荷载要求，同时又确保良好的山体造型，采用了聚苯乙烯材料作为下垫层。这种材料主要用于交通道路建设方面，首次应用于园林工程中。

（四）实习作业

①在茶室环境空间、草坪空间、八景园主体建筑环境空间中任选一处进行测绘。
②选取景色优美处速写二幅。

（五）思考题

①在园林设计过程中如何尊重历史、挖掘人文资源并与场地现状资源有机结合？
②进一步思考在场地设计中如何与周边城市用地之间达到整体的协调关系。

（编写人：朱春阳）

公园西南处水面空间 朱春阳摄影

八景园入口 裘鸿菲摄影

八景园涌泉 朱春阳摄影

公园东南处草坪空间 朱春阳摄影

二、徐家汇公园

（一）背景介绍

徐家汇公园是一座开放式城市公园绿地，地处上海市徐家汇城市副中心，东邻宛平路，西靠天平路，南起肇嘉浜路，北至衡山路，基地形态呈梯形，总占地面积 8.65 hm²。园址原系建于1928 年的大中华橡胶厂和建于 1921 年的东方百代唱片公司（后改为中国唱片上海分公司）及 30家单位、745 户居民住宅。2000 年 2 月，徐汇区政府、上海城市规划管理局和上海市绿化管理局共同组成"徐家汇公园规划设计方案征集组织委员会"，对公园规划设计方案进行征集，最终选用加拿大 WAA 景观设计事务所的设计方案。公园共分三期实施建设，总投资 102 526.72 万元。第一期为原大中华橡胶厂地块，占地面积约为 3.53 hm²，2001 年 2 月开工，当年 9 月竣工开园；第二期为原中国唱片上海分公司及周边 9 家单位、140 户居民住宅的地块，占地面积 3.72 hm²，2001 年 7 月开工，2002 年 6 月竣工；第三期为沿宛平路地块，动迁单位 21 家、居民 605 户，占地面积 1.4 hm²，工程采取边动迁边施工的方式，2004 年 3 月竣工开园。

公园设计在满足生态、功能等要求基础上，特别突出与原有徐家汇繁华商业圈以及衡山路殖民地时期的花园别墅风格的融合，充满现代气息、赋予海派文化，是上海近年来现代城市公园的设计佳作。徐家汇公园的建成开创了上海中心城区"三废"企业撤点和生态环境建设相结合的典范，提升了徐家汇商城商贸中心的集聚和辐射能力，改善了徐家汇地区的生态环境和总体形象。

（二）实习目的

①了解中心城区工业用地的更新实践，感受延续城市历史文脉、展示场所精神记忆的园林设计手法，如象征、隐喻设计手法。

②了解现代城市公园的海派风格特点，体验东西方文化相融合的园林艺术氛围。

③学习大型城市公园布局分区依据，掌握其在分担城市功能方面所起到的作用，在用地、交通、体量、设施等方面与周边地块之间的协调依托关系。

④学习细部处理。如无障碍设施、钢和玻璃构筑物的细部节点、公园引导性标志物、道路铺装、地被植物的运用等。

（三）实习内容

1. 明旨

从广义来讲，徐家汇公园作为城市副中心的一个构成要素，必然与其他组成要素，如物质实体要素、社会形态要素等相互影响和作用。因此，公园设计必须从一个更高的层次出发，明确它在整个城市大系统，至少是徐家汇城市副中心的功能定位，也就是说它应作为一个中心商业区的绿色开放空间而存在，它的功能应该是与徐家汇商圈周围的公共活动相互补，从而使其与周围的其他功能板块达到某种角色上的"平衡"。

从狭义来讲，徐家汇公园是在搬迁"三废"污染企业旧址上新建的城市中心绿地，是上海市在中心区域"调整产业结构、实施退二进三"战略并进行"迁厂建绿"的第一次有效探索。因此，公园设计需要从工业用地更新与工业遗址保护的高度出发，充分挖掘原地址的文化底蕴，注重历史建筑和具有纪念意义构筑物的保护与利用，使其融入现代城市公园的景观体系之中，从而实现绿化与文化融合，为上海市旧工业用地更新与景观再生提供经典案例。

2. 相地

（1）形式与功能的结合　徐家汇公园位于徐家汇商圈人流密集处，紧邻汇金百货等商厦。早晚上下班高峰期人流在这里大量流动，周围居民和游人缺少一块日常休闲、游憩的场所，徐家汇作为商业、商务和公共活动中心，地区内社会停车场相当缺乏，同时设计需满足城市防震、抗灾等多方面要求。因此，徐家汇公园在设计之初，便强调公园设计形式需满足上述基本功能。

（2）场所与文脉的联系　徐家汇公园是在有 72 年历史的大中华橡胶厂和中国唱片上海分公司旧址上新建的城市中心绿地；在公园西侧是上海著名的徐家汇商圈，北侧是具有浓郁欧陆风情的衡山路都市休闲街；徐家汇地区作为上海城市中辉煌的组成部分，反映了上海城市现代化的百年演变轨迹。这些特征使徐家汇公园具有了独特的场所精神和城市文脉。因此，突出场所精神、延续城市文脉，让游人体验场地中隐含的特质，是徐家汇公园设计方案具备浓厚底蕴的重要标志。

3. 立意

一是立足于上海城市的自然概况、历史发展以及现代城市总体规划提供的宏伟蓝图，将徐家汇公园放置于一个相对其自身广阔得多的背景之中，设计时有意识地把多种现存的历史因素和现代因素联系起来，对公园里河流、道路、小品、绿化景观等进行象征性设计，使徐家汇公园能够在某些方面作为上海演变的一种诠释。

二是重视对规划地区场所精神和城市文脉的充分表达，设计时有意识地保留了徐家汇公园规划范围内许多独具的特征，如大中华橡胶厂烟囱、沿衡山路的 ART DECO 风格建筑、殖民时期的欧美别墅、宛平路上的典型上海民宅，来维护和营造具有记忆与传承的人类精神家园，使人们回想起过去历史对于今日上海的辉煌贡献。

三是拓展徐家汇商圈的公共活动中心功能，向社会公众提供一处休憩、游览以及开展文体活动的公共空间，满足人与人的社交需求，达到调节心理、饱览都市特色景观的目的，同时充分考虑周边人流密集这一现实情况，通过对出入口位置、园路系统等方面进行优化布局，更好地引导人员集散、方便高峰期人流的快速通过。

4. 布局

（1）平面布局　徐家汇公园整体布局在形式上呈上海版图状，水系以黄浦江的形状来勾勒，上面架设象征徐浦、卢浦、南浦、杨浦四座大桥的小桥，并在水系的第一个弯道处设计了旧上海的老城厢，在布局上嵌入城市记忆元素；同时在感知上又仿佛翻开了一本记载上海变迁的历史画册，远古的田野、明清时期的城郭、租界时期的建筑、石库门的民居、象征民族工业的烟囱，都充分反映并体现了这块土地上曾经演绎过的历史。公园中央架设了一座由西南到东北、长达230 m 的景观天桥，增加了公园的立体空间和层次感，同时将跨越各个历史时期的景观和建筑、构筑物，如大烟囱、景观别墅、老城厢以及青少年活动场所等有机地联系起来，成为沟通现代与历史的桥梁，充分展示了上海近百年来的历史文化风貌。

景观天桥

（2）主要景区

①主入口广场。由天然石块制作的公园铭牌及水池作序幕，突出保留的代表中国民族工业先驱的原大中华橡胶厂烟囱，并对它进行修缮、恢复，不仅延续了民族橡胶工业的历史文脉，而且使其成为徐家汇地区的标志性景观建筑，给游人以强烈的视觉冲击力。

主入口广场

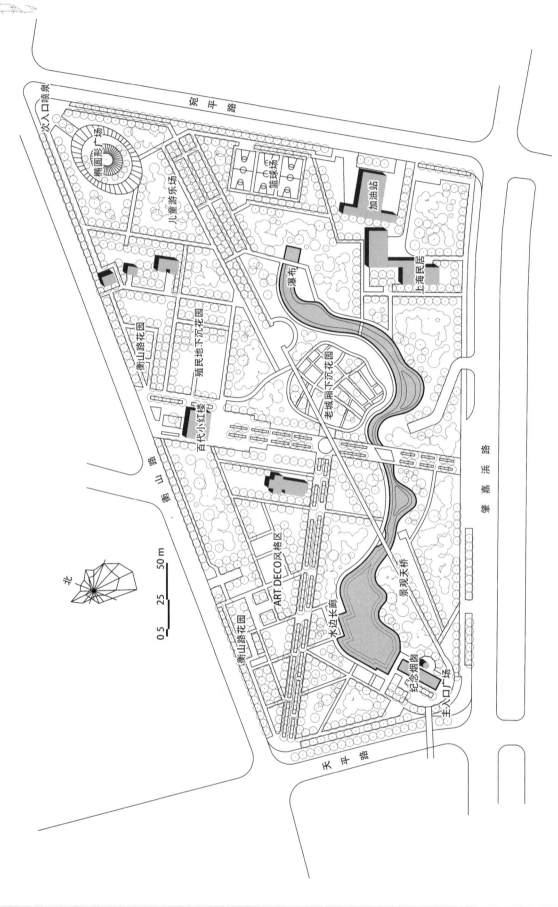

徐家汇公园平面图

②ART DECO 风格区。沿衡山路一侧原有较多 ART DECO 风格的构筑物，以原始线条和纯净的色彩所构成，为世界文化遗产。设计通过高低不同的景墙进行艺术修饰处理，周边的植物也与其风格相协调，成为 ART DECO 风格的示范区。

③殖民地花园。在公园中部偏北、衡山路一侧中国唱片上海分公司旧址处保留了一幢殖民时期建筑风格的三层法式别墅，按照修旧如旧的原则对别墅进行修缮，完好地保留了原唱片厂的历史古迹，被称为百代小红楼、中唱小红楼。同时，设计者根据衡山路法式风情的景观定位，对小红楼东侧的外环境进行重新设计，通过提炼法式园林的造园手法，用规则的绿篱和乔木营造出一个具有法国风情的典型殖民地庭园。

殖民地花园

④老城厢下沉花园。配合黄浦江缩影水系，以上海老城厢为设计蓝图，经过简化和微缩，在公园中心位置抽象化设计了具有象征意义的老城厢花园。景观设计手法在借鉴法国传统主义园林的同时，也有形式上的创新。花园运用下沉手法限定空间，十多个不同形状的小型模纹花坛勾勒出"老城厢"内交错的道路网，每个花坛都通过绿色整形植物和修剪的四季草花来营造各不相同的规则式图案，清晰地向我们传达着它的法式风格。同时，红木立柱、青石基、灰砖路言简意赅地演绎出老上海的风情，给人以历史的感怀。

老城厢下沉花园

⑤衡山路花园。衡山路是上海著名的法式风情街，ART DECO 风格是沿街建筑物的重要特征。公园在毗邻衡山路一侧的带状花园内，通过雕塑、雕塑墙、铺地图案和绿化种植等形式，以简洁的景观线条、高低错落的空间处理，在公园内延续了 ART DECO 风格，使公园和谐地与衡山路相依相融。

⑥典型的上海民居。沿宛平路侧有一群典型的上海民居，设计中尽量保留较有代表性的居民建筑，重新开发其内部功能；拆除无保留价值的建筑，进行绿化布置；适当补充具有现代气息的建筑，使新与旧产生对话，开发商业价值，以园养绿。

⑦天伦之乐区。公园东北部设置了儿童老人游戏健身区，在以香樟和银杏为主的树林中，布置老人健身和儿童游戏的设施。场地虽然不大，但围合的空间、贴切的尺度以及为老人儿童所设的坐、玩、动的材料，均考虑了安全性、舒适性，将以人为本的原则在点滴细微处体现出来。

⑧体育活动区。为促进全民健身，在公园东部宛平路一侧，以竹林草地为背景，设置了三个篮球场。徐家汇公园是上海市最先设置运动场地的开放型公园绿地之一。

⑨椭圆形入口广场区。在公园东北角衡山路与宛平路的交界处设置了一个椭圆形入口广场，游客进入公园首先映入眼帘的便是上海友好城市——法国马赛市政府送来的中法文化交流年礼物《希望之泉》大型雕塑。

（3）园路系统　徐家汇公园道路系统摆脱了一般城市公园设计中"大环套小环"、双环之间以游路相连的单一模式。其与现场交通状况充分结合，在平面上表现为不规则的网格状，而这种形式无疑是徐家汇公园的一大特色。入口设置与周边地块密切相关，除主要入口外，还在靠近商业地块处设有较多小入口。局部园路多平行或垂直于旁边道路；而在公园中心部位，则由水系或主要道路加以统一。这种设计手法，充分考虑了徐家汇公园处于人流密集处这一现实情况，满足了人员集散和高峰期人流快速通过的需求；同时，也在形式上不拘一格，充满现代意味。园内主要游线为滨水道路游线、步行景观天桥、南北向林荫大道、东西向林荫大道等。

5. 理微

（1）空间设计　徐家汇公园空间形态构成运用多种手法，有设立、围合、覆盖、抬起、下沉、架起和肌理等，均被有组织地运用在园中。

①设立。如徐家汇公园利用两处保留建筑进行"设立"，原大中华橡胶厂的烟囱高 30 余米，修饰后成为全园的空间主景，同时作为多条主园路的对景。原中国唱片上海分公司的法式别墅位

于公园北部，是南北向带状广场的对景。

②围合。如徐家汇公园中最主要的围合空间沿着水面蜿蜒展开，水面两侧的绿树草坡构成该空间的边界。此外，伴随着植物和建筑物的布局，形成一系列大小不同、开敞程度变化丰富的围合空间。

③覆盖。如徐家汇公园中设置了以玻璃为顶面的三座滨水亭，覆盖形式颇有趣味。而乔木所形成的覆盖空间则更丰富，乔木多而高大，树冠成荫较快。

④抬起。如徐家汇公园抬高了烟囱所在的小广场，以衬托和突出主景；抬高滨水亭的基座等，以加强游人休憩的功能。

⑤下沉。徐家汇公园中的下沉空间有三种类型：一是水体下沉空间，也就是低于周边地面的水系。二是园中园下沉空间，法式别墅东侧的下沉庭园自成一域，闹中取静。三是表现特定形状的下沉空间，公园中有一个下沉花园，模拟上海老县城的形状，与人工河共同成为上海黄浦江和老城厢的缩影。

⑥架起。如徐家汇公园中的景观天桥横贯东西，天桥与蜿蜒的湖面、滨水主园路以及两条主要轴线道路立体交叉。不仅使桥上和桥下空间形成互动，而且创造出丰富的视点和画面。

⑦肌理。如徐家汇公园中的老城厢下沉花园，除了空间下沉外，还用块状灌木花坛构成肌理。公园北部的 ART DECO 风格雕塑广场，除了空间抬高外，还用铺地图案构成肌理。

（2）植景设计　徐家汇公园因景造绿，植景设计力求体现规划构思的要求，使植物景观的季相变化、形态色彩、视觉层次均与各个功能分区的主体紧密结合，并与公园所处的周边环境相互协调。总体来讲，植物景观在水面南侧以自然式栽植为主，乔灌木或丛植、或片植，局部采用孤植点景；北侧沿线则呼应衡山路 ART DECO 风格，错落有致地布置规则式绿化。

①主入口广场。植物造景强调春季景观，采用香樟、乐昌含笑、广玉兰作基调，以白玉兰、鹅掌楸为主景树种，布置紫薇、梅花、垂丝海棠及喜树、垂柳等。标志性雕塑烟囱在深色基调树种的掩映下显得愈发突出。

②临近天平路一侧。植物造景强调缤纷绚烂的秋季景观，以香樟、女贞、杜英作背景，主景树种有无患子、黄连木、板栗、红枫、红叶李等。

③景观天桥两侧。植物造景以高大乔木为主，以乐昌含笑、香樟、榔榆、苦楝等形成疏密有致的疏林，从人行天桥望去，亭亭如盖的树冠与人同高，仿佛置身于一片绿色的海洋中。

④ART DECO 风格区。植物造景与其风格相协调，追求简洁、明朗的规则式手法。乔木种植成行成排、地被造型简洁，景观氛围典雅。植物品种主要有广玉兰、香樟、棕榈、加拿利海枣、华盛顿棕榈、龟甲冬青、杜鹃等。

⑤滨水绿化带。滨水绿化带处采用草坪缓坡入水和卵石自然驳岸相结合的传统手法，植物造景以自然乡野为主题，南岸选择耐水湿、姿态优美的乔木，如垂柳、旱柳、水杉、池杉等沿岸散布。北岸的西部延续了入口的春季景观风格，栽植了广玉兰、银杏、白玉兰、樱花等，东部则种植了桃、梨、石榴、枇杷、柑橘等多种果树，春能赏花，秋能品果。

⑥殖民地下沉花园。植物造景采用修剪绿篱来创造规则的植物空间。建筑南侧的贯穿全园的景观大道，采用法国梧桐营造出浓厚的法国情调。大道旁开辟了一个下沉式法国整形花园，采用各种颜色的低矮灌木和草本植物，塑造出各种不同类型的几何图案。

⑦老城厢下沉花园。植物造景延续了传承历史的理念，以保留古城风貌为主，将上海乡土树种点缀其间，有榔榆、乌桕、苦楝、香樟等，以自由种植的乔木、微缩整形的高低绿篱、四季草花来展现法式风情与中国传统文化的交融。

⑧衡山路一侧。种植悬铃木形成林荫道，绿化形式有节奏、有韵律，从而使衡山路法国风情的浪漫情调一直延续到公园的一草一木。

⑨篮球场。篮球场东西两侧的绿化种植强调了视觉的渗透，配置了疏松的乔木和低矮的灌木，既增加了空间感，也便于市民、游客的观赏；南北两侧则配置了密集的乔木和灌木，形成了良好的绿色屏障，使在篮球场上运动的人能够感受到在大自然中锻炼的清新和舒适。

（3）铺装设计　徐家汇公园中地面铺装材料选择较为丰富。在局部地块，通过不同的铺装语言，叙述着不同的故事、不同的情绪。如在老城厢，设计刻意追寻古韵，以传统的小青砖铺地，古朴、沉着而有韵味；在河道南岸，以天然石块砌筑沿河道路，呈现自然、野趣之感；在下沉式广场，采用弹格石铺设，颇有些古朴、淡雅的风尚。不同的地面铺装组合，并没有让人们感到突兀，相反，与环境、空间一起造就了一个完整的、与历史对话的公共空间。此外，在人行景观桥的材质选取上，设计师巧妙地运用了对比手法。如在异形钢构架基础上铺设两种材质——木制桥面板和亚光不锈钢格栅，形成强烈反差；在景观桥栏杆设计上，利用玻璃材质所形成的现代感与木制扶手的自然气息形成鲜明对比。

（4）竖向设计　公园最高点为烟囱所在广场，景观天桥起点与其同高。公园下沉空间有三处，分别为水体下沉空间、老城厢下沉花园、殖民地下沉花园。其中水体下沉空间为公园的最低点，老城厢下沉空间为场地最低点。公园与周边道路相差 0.3cm 左右。公园整体地形为外高内低，一是有利于组织排水，兼有防灾功能；二是有利于公园整体土方平衡；三是在视线上有效地隔离外部交通对园内的干扰。

（5）建（构）筑物设计

①纪念烟囱。纪念烟囱原为大中华橡胶厂的排烟设备，建于 1926 年，原高 28 m。徐家汇公园建造时，在烟囱表面包裹了一层类似纤维布的特殊材料，用以防蚀加固并将烟囱加高 11 m，在其顶部安装一个不锈钢锥状、镂空且内部布满光导纤维的新装置，入夜时分只要打开安装在内部的射灯和顶部的四盏小蓝灯，就会有光亮从烟囱顶部反射出来，远看就像是大烟囱里冒出缕缕"白烟"，弥漫整个夜空，形象逼真，煞是好看。2007 年 8 月 28 日，纪念烟囱被徐汇区文化局公布为不可移动文物。

纪念烟囱

②百代小红楼。小红楼曾经是著名的百代唱片公司在中国的总部。1921 年，法国百代唱片公司在上海成立"东方百代唱片公司"，建起了上海第一座录音棚，中国现代艺术史上几乎所有的重量级人物都曾在这里留下足迹。新中国建立后，这里被改组为中国唱片厂。1982 年，小红楼正式挂上了中国唱片上海公司牌子。2004 年 1 月，百代小红楼被徐汇区人民政府公布为区文物保护单位。小红楼坐南朝北，是一座三层砖混结构的建筑。屋顶部分最有特色，精致的红平瓦坡屋面，上部陡，下部平缓，出檐比较深，檐下承以牛腿木托架，富有独特的装饰感。四侧屋面均开有"老虎窗"，绛红色木结构外露，立面以红砖清水墙面为主，间以白色粉刷，显得轻盈灵动。二层设有阳台，底层设置敞廊，采用爱奥尼双柱，白色混凝土宝瓶栏杆，且饰有常春藤石瓶。

③人行景观桥。人行景观桥是贯穿整个公园的空中走廊，可以说是公园的一个亮点。首先，人行景观桥始于西南角肇嘉浜路、天平路口，这是大中华橡胶厂保留烟囱的所在地。设计者对于保留烟囱的景观定位和空间布局为近距离的、仰视的，因此，保留烟囱景观区为人们创造的是一个仰视历史的对话空间。接着，人行景观桥向东北方向延续，形成了与百代小红楼的远眺关系。正是这种由人行景观桥上产生的远眺使得对话在空间上变得具有历史的距离感和朦胧感。随后，直线型的人行景观桥继续向东北方向延伸，上海老城厢的地图展现在人们面前，形成了用现代视角审视历史的俯瞰效果的对话空间。从另一个角度来看，设计者又将人行景观桥设计成为一个连接过去、现在和未来的载体。公园内部保留的烟囱和百代小红楼代表了徐家汇乃至整个上海的过去；人行景观桥穿越的公园景观代表了现代城市的变迁；而景观桥的终点则是设计者对未来发展的无限遐想的体现。

（6）雕塑小品

①新一代。美国著名雕塑家曼纽尔·卡博内尔创造的"新一代"雕塑于2007年4月6日落址于徐家汇公园，坐落在公园内的百年香樟旁，雕塑由法国知名人士柴立伟女士等捐赠给上海文化发展基金会。雕塑"新一代"寓意新生命的诞生，雕塑大师在创作这件作品时倾注了所有的热情，传递出母亲对孩子满腔的关爱、万般的柔情以及对未来的热切希望和美好憧憬。雕塑家欲将上海比喻成新生的婴儿，希望将"爱"带给上海人民，也对上海的未来寄予了热切的希望，恰到好处地体现了"和谐社会与和谐发展"。

②希望之泉。"希望之泉"雕塑原建于法国马赛市，位于马赛建城2600年纪念公园广场，由著名设计师贝尔纳·于埃设计。2005年5月，法国在上海举办中法文化年"马赛周"活动，为表达对上海人民的深情厚谊，将象征马赛城市精神的"希望之泉"雕塑赠予上海人民，使其成为中法文化交流史、上海和马赛友好城市交往史上的重要见证。整座雕塑寓意为一部翻开的历史之卷，高8 m、底座宽6 m，坐落于约240 m²的花岗石喷水池内。第一部分是不锈钢材质的希望树雕塑；第二部分为26根水柱形成的曲线型水幕，象征着马赛走过的26个世纪；第三部分为丝网印刷的网状石碑，是"希望之树"在地面上的投影。

希望树雕塑

（四）实习作业

①临摹徐家汇公园总平面图，重点关注公园出入口设置、功能区与景区布局、园路系统组织。

②任选公园中两个景区速写二幅。

③完成一个景区实测，绘制其平、立、剖面图，标注准确，A3幅面。

（五）思考题

①如何在城市公园设计中延续城市的历史文脉、保留场地的历史风貌？

②如何使城市公园设计与周边其他用地及景观环境之间形成良性互动？

（编写人：吴昌广）

景观天桥 裴鸿菲摄影

老城厢下沉花园 裴鸿菲摄影

三、上海辰山植物园

（一）背景介绍

上海辰山植物园位于上海市松江区佘山山系的辰山，是由上海市政府、中国科学院和国家林业与草原局共建的集科研、科普和观赏游览于一体的综合性植物园。总面积约 207 hm²，东北面与旅游景点佘山相望，南邻松江大学城，与国道 318、A9 高速公路相连，东边是轨道交通 M9线，对外交通便利。

基址所在地原为松江区辰山村的村庄、农田、鱼塘、河道、企业厂房以及林场。园区内的辰山是松江大小九座山中的一座，系浙江天目山的余脉，东西长 700 m，南北宽约 300 m，海拔71.4 m，辰山山体约为 16 hm²。除辰山外，园区内以平地为主，地面平均高程为 3.0 m，约172 hm²，整体缺少地形变化，生境过于单调。东西走向的佘天昆路和南北走向的辰山塘运河将整个园区分割成三个部分。河道及溪流面积约为 18 hm²，地下水位较高，水质低劣，土壤偏碱。

2004 年年初，为了进一步加强上海现代化国际大都市综合竞争力，改善城市生态环境质量，缩小与世界级城市的差距，营造人与自然和谐的生态环境，上海市委、市政府决策建设上海辰山植物园这一重大公益性生态项目。2005 年发布国际招标文件，邀请英国、荷兰、德国、日本和我国北京、上海、深圳的国内外八家设计单位参与方案设计，经过十一位国内外专家评审和两轮方案筛选，最终确定德国瓦伦丁规划设计组合的方案为实施方案。2010 年建成并对外开放，成为绿色演绎上海世博会"城市，让生活更美好"的标志性工程。

（二）实习目的

①了解现代植物园的功能。
②体会现代植物园的设计手法。
③感知新材料、新工艺、新技术的运用。
④学习棕地改造方法。

（三）实习内容

1. 立意

2000 年后，随着人类社会的快速发展，地球面临着气候变暖、生态系统受到严重威胁、植物种类急剧减少的困境，植物园的功能也随之发生着变化，辰山植物园设计不局限于传统植物园科研、科普以及收集和引种的功能，同时也规划构建一个多样性的植物生存空间。既要展示丰富多样的植物资源，也要保护濒危植物，借此唤醒人们的保护意识。辰山植物园建设之初考虑到与位于市中心的上海植物园错位发展，以"植物与健康"为主题，以"华东植物、山水江南"为纲，强调以华东区系植物收集、保存与迁地保护为主，国内外其他植物收集为辅，借助生态学原理，因地制宜，建设融科研、科普、景观和休憩为一体的综合性植物园。

2. 布局

篆体"园"字包含了山、水、植物以及围护边界等要素，设计师将植物园功能与"园"字内涵结合，提炼出能反映辰山植物园场所精神的三个主要空间构成要素——绿环、山体以及体现江南水乡特质的中心植物专类园区，体现了中国传统的"天圆地方"的自然观，园中有山水植物，体现人与自然的和谐。

辰山植物园
模型鸟瞰

绿环面积约为 45 hm²，将现有分裂的三个地块有机地连成一个整体，界定出中心主体区和外围缓冲区，绿环内延续原有的山水构架，形成植物展示的主要区域；绿环外围四周则分布林荫停车场、科研苗圃、果园和宿营地等辅助设施。

设计师将园内主要建筑如主入口综合建筑、科研中心和展览温室等设置在绿环上，建筑物顺应着绿环起伏的地貌，通过曲线形平面和剖面，将主要建筑单体与绿环的浓荫融为一体。基址除辰山独立山地以外，多为平地，高差变化较少，为营造植物丰富多样的生境，借助绿环塑造地形，形成平均高度约 6 m，宽度 40～200 m 不等的环形带状地形，构建与辰山融为一体的大尺度山水格局，形成乔木林、疏林草地、灌丛以及花境等多层次的植被空间，为植物园引种驯化建立了良好的立地基础。

绿环内种植与上海气候带相近的欧洲、大洋洲、南美洲、北美洲以及非洲植物群落。绿环洲际植物地理展示区规划为黑海落叶阔叶林、日本温带区系植物林、澳大利亚和新西兰温带雨林、瓦尔底安雨林、巴西南洋杉林、北美洲西南的针叶林、北美洲东南部的温带落叶和常绿林，以及马可洛尼常绿阔叶林等。借助五大洲植物展示区，加强人们对世界各地植物种类、植被类型以及所需的立地条件的认识，丰富人们的植物知识。

绿环中部是中心植物专类园区，面积约 63.5 hm²，由西区植物专类园、水生植物展示区以及华东植物收集展示区等构成。该区基本保持原有农田、水网格局和肌理，将原有河道和鱼塘改造，形成湖泊、河道、湿地、溪流、池塘等富有变化的水景空间，突出地域性水乡景观；为改善地下水位偏高的立地条件，塑造微地形，各专类园相对高程控制在 0.8～1.2 m；西区植物专类园边缘以块石垒砌而成，表现出江南水乡独有的岛屿植物景观特色。

3. 重点景区

水生植物
专类园

（1）水生植物专类园　水生植物专类园位于辰山塘西侧，园中西湖的南端，紧邻南美植物区和春景园，借助栈桥与周边园区联系。园内利用起伏变化的地形、水系、岛等设置蕨类植物园、王莲池、鸢尾园、水生植物园以及湿生植物园，设计模拟自然湿地形态，形成溪、塘、泉、滩、湾、岛等空间，木栈道、码头广场、栈桥等设施将园内空间联系，为游人提供了集散、亲水、休憩的场所。园区内收集、展示丰富多样、不同类群的水生植物，利用不同的水位高度和水池深度营建水深不同的生境，满足植物生长需求。

（2）儿童植物园　儿童植物园位于中部园区的西侧，紧邻绿环和藤蔓园。是依据儿童心理特征，在满足活动功能的前提下，以趣味性植物素材引发儿童探索自然、学习与游戏的活动场所。园中包括游乐项目区、学习锻炼区和森林探索区。游乐项目区是以多样游乐设施构成的，吸引儿童停留、嬉戏的场所；各个游乐设施间由不同材质、色彩鲜艳、形式多样的步道相连。大小、高低、材质各不相同的圆形山丘和小溪组成了吸引儿童触摸、攀爬和玩耍的学习锻炼区，多种自然材质融入其中，给儿童提供一个感知空间、认知环境、熟知材料的自然场所，使儿童身心得到放松和锻炼。森林探索区是由二十个不同植物群落围合而成的林间步道，让儿童在林间穿梭时了解不同植物的名称、形态、习性以及季相变化等，增强儿童对大自然的认知。

（3）盲人植物园　盲人植物园位于辰山塘东部，属于华东植物区内，靠近管理区、植物园大温室区和辰山植物园东北出入口，四周由道路围合。该园是上海市首个面向公众开放的盲人植物园。该园南北长 93 m、东西宽 19～27 m，形似米粒，总面积约为 1 965 m²。该园针对盲人使用者，设置单向游览线路和局部体验节点，利用不同的植物特性，布置视觉（色弱）体验区、科

上海辰山植物园平面图

1 一号门	9 小木屋	17 旱生植物园	25 植物迷宫	33 王莲池	41 辰山	49 国际花卉园
2 综合楼	10 月季园岛	18 芍药园	26 油料植物园	34 鸢尾园	42 北美植物区	50 西湖
3 南美植物区	11 植物造型园	19 桂花园	27 新品种展示园	35 蕨类植物园	43 非洲植物区	51 东湖
4 樱花园	12 小动物园	20 纤维植物园	28 金缕梅园	36 岩石和药用植物园	44 盲人植物园	
5 春景园	13 儿童植物园	21 染料植物园	29 柳树岛	37 矿坑花园	45 绿色剧场	
6 木兰园	14 藤蔓园	22 蔬菜园	30 梅岛竹岛松岛	38 欧洲植物区	46 展览温室	
7 梅园	15 珍稀植物园	23 槭树园	31 湿生植物园	39 科研中心	47 华东区系园	
8 海棠园	16 宿根花卉园	24 观赏草园	32 水生植物园	40 植物系统园	48 澳洲植物区	

普触摸区、嗅觉体验区、叶花果触摸区、树干触摸区以及由竹林营建的辨音体验区，园中配备安全辅助设施，便于游人进行触摸、听声和嗅味等感知活动。

（4）矿坑花园　矿坑花园位于辰山西侧脚下，原址是一处采石矿坑遗迹，20世纪初开始采石至80年代中期止，南坡半座山头被削去。为保护辰山矿山遗迹，设计师结合辰山植物园的建设，对地质环境进行综合治理，以修复式花园为主题，因地制宜，通过对原有山体、台地、平台和深潭进行改造，将采石场西矿坑遗迹营建成地貌独特、景色优美、季相分明的沉床花园。花园设计由北京清华城市规划设计研究院景观学VS设计学研究中心完成。矿坑花园的设计将场地中的后工业元素、辰山文化以及植物园的特性整合为一体，建有深潭区、台地区、望花区和镜湖区。

矿坑花园

（四）实习作业

①选取风格特色各异的专类园速写二幅。
②选择一处专类园进行空间分析。

（五）思考题

①对比辰山植物园与杭州植物园，分析两者在总体布局和植物造景手法上的异同。
②思考棕地再利用的途径与方法。

（编写人：章　莉）

辰山植物园模型鸟瞰　杨旻学摄影

水生植物专类园　韦伊妮摄影

矿坑花园　冯科智摄影

矿坑花园镜湖　唐佳乐摄影

四、上海杨浦滨江南段公共空间

（一）背景介绍

杨浦滨江位于黄浦江岸线东端，被称为上海滨水"东大门"，其 15.5 km 的滨江岸线是黄浦江沿岸五个区中最长的，是上海市黄浦江两岸综合开发的重要组成部分。杨浦滨江区域作为中国近代工业发展的摇篮，是上海旧工业建筑的聚集地之一，拥有众多的中国工业文明之最，如中国第一座现代化水厂杨树浦水厂、国内最早的机器棉纺织厂上海机器织布局等，其中轻纺工业发展最为突出。这里也出现了一大批优秀的工业建筑（群），共有 13 处被列入上海市优秀历史建筑名录，如杨树浦水厂（原英商自来水厂）、上海电力公司、杨树浦煤气厂、上海第五毛纺厂（原怡和纱厂）等。近年来，随着时代的变迁及城市的发展，杨浦滨江沿岸大部分的工业已经迁移，留下了大量的厂房、设施以及待更新的城市核心地段空间。

杨浦滨江岸线主要分为南、中、北三段，其中南段从秦皇岛路到定海路，岸线长度为5.5 km。杨浦滨江南段公共空间于 2019 年全线开放，在滨江流线整合、可达性提升以及城市文化传承等方面做了大量的研究和设计实践工作。同时，对于在全中国范围内存在的大量产业转型期的滨水工业遗产，杨浦滨江南段在城市更新方面所做的探索具有引领和示范作用。

（二）实习目的

①学习城市滨水空间的规划设计方法。
②了解保护工业遗产、延续城市文脉的基本思路和手法。

（三）实习内容

1. 明旨

杨浦滨江所在的杨树浦工业区作为近代上海乃至中国最大的能源供给和工业基地，在城市经济和社会生活中具有举足轻重的地位。随着工业生产、港口、码头等功能和设施从城市中的撤离，黄浦江两岸综合开发就成为上海市的重大战略。2010 年上海世界博览会的举办促使了相关工业企业加速搬迁。《上海市城市总体规划（2017—2035）》明确定位杨浦滨江作为城市中央活动区的重要组成部分，提出了将封闭的生产岸线转变成为开放共享的生活岸线的总体目标。

杨浦滨江区域滨水空间的复兴，不是简单的单一功能置换，而是通过嵌入市政交通、公共空间、景观体系等，力求将滨水空间纳入整个城市的结构框架中，形成一种渐进的、综合的开发模式，在为市民提供更多丰富的城市开放空间的同时，带动区域土地价值的提升。

2. 相地

被称为"中国近代工业文明长廊"的杨树浦工业区，工业遗存规模宏大、集中，有许多中国工业史上的代表性建筑：中国最早的钢筋混凝土结构厂房——怡和纱厂锯齿屋顶的纺车间（1911）；中国最早的钢结构多层厂房——江边电站 1 号锅炉间（1913），近代最长的钢结构船坞式厂房——慎昌洋行杨树浦工厂间（1921）等。另外还有很多与码头、港口、船坞等配套的交通基础设施。

工业发展持续促进了杨浦周边产业相关人口的增加以及大量居住区的建设。如今杨浦区的人口密度已经超过 2 万人/km²，社区老龄化趋势也开始显现，人们对公共开放空间的需求更为迫切。然而，后工业时代遗留下的空置工厂建筑与废弃码头，阻挡了来自周边社区的人们接近和感知黄浦江，同时也打断了沿江的交通系统。杨浦滨江成为远离城市生活和城市人群的一块寂静之地。

场地设计中的另一大挑战是防汛体系。基于上海是一个常住人口超过 2 400 万人的高密度城市，黄浦两岸执行千年一遇的防汛标准，防汛墙顶部要比周边地坪高出 2～3 m，城市与黄浦江无论在空间上还是在视觉层面上都被完全隔离开来。

3. 立意

杨浦滨江南段公共空间以"还江于民"为立足点，秉承"向史而新"的理念，"以工业传承为线索，营造一个生态性、生活化、智慧型的杨浦滨江公共空间"，通过有限介入和低冲击开发的设计策略，实现工业遗存的"再利用"、原生景观的"重修复"、城市生活的"新整合"。在保护和延续场地文脉、地脉的同时，构建能够满足现代城市生活需求的开放空间。

4. 布局

杨浦滨江南段的总体布局可概括为"三带九章"。"三带"是指 5.5 km 连续不间断的工业遗存博览带，漫步道、跑步道和骑行道"三道"交织活力带，以原生植物和原有地貌为特征的原生景观带。"九章"则是以场地上现存的特色空间为基础，将全段进一步划分为九段特色风貌空间。

滨江漫步道

滨江跑步道
与骑行道

"三带"中滨江漫步道、跑步道和骑行道所组成的活力带，是上海中心城区黄浦江两岸的绿道系统的基础，被简称为"三道"。三道重新定义了滨江公共空间，并倡导了一种更健康的生活方式。专用颜色喷涂的跑步道和骑行道，吸引了越来越多的人选择来江边健身。通过高架的人行天桥或步道，所有断点，如轮渡站、支流河、高桩码头和敏感区等都被连接，实现了连续的步行动线。沿线设有可供休息、补给与简单医疗的服务驿站，也全程采用了无障碍的坡道设计。更多的步道从三道延伸至周边的商务区与居住社区，形成了一个便捷的步行交通网络。远期与公交站点、地铁站以及作为水上交通节点的轮渡口进行接驳，使杨浦滨江在将来能够服务更远的范围。三道计划是滨江空间从封闭到开放转变的重要里程碑，继而推动了整个滨江项目的更新。

"九章"主要是挖掘原有"八厂一桥"的历史特色，在上海船厂、上海杨树浦自来水厂、上海第一毛条厂、上海烟草厂、上海电站辅机专业设计制造厂、上海杨树浦煤气厂、沧海杨树浦发电厂、上海十七棉纺织厂、定海桥等场地遗存的特色空间的基础上，进行不同空间形态、功能、情绪体验的规划设计，形成九段各具特色的公共空间、风景篇章。

水厂栈桥

杨树浦水厂段：将景观栈桥整合到水厂外的基础设施之上，提供观赏江景及水厂历史建筑的新视点。栈桥的结构断面呈 U 形，依据宽度、景观朝向、活动空间等不同发展成各种不同的断面。如在桥面较宽的地方单侧扶手成为遮阳棚；在最宽的地方设置江上小舞台，U 形结构原型异化成为背靠背的座椅或者是树池等。

上海船厂段：以船厂中超过 200m 长的两座船坞为标志点，大船坞为室外剧场，小船坞为剧场前厅与展示馆，船坞的西侧和东侧分别设置可举办各类室外演艺活动的广场与大草坪，形成船坞综合演艺区。

烟草公司、上海化工厂段：三组楔形绿地向城市延伸，形成带状发展、指状渗透的空间结构。

丹东路码头段：规划码头北侧的楔形绿地，结合江浦路越江隧道风塔设计滨江观光塔。

杨树浦港桥段：在安浦路跨越杨树浦港处设计双向曲线变截面钢桁架景观桥，并通过桥下通道连接北侧楔形绿地和兰州路。

宽甸路段：在宽甸路旁的楔形绿地中保留了烟草公司仓库的主体结构，通过体量消减形成跨越城市道路的生态之丘，建立起安浦路以北区域与滨江公共空间的立体连接。

杨浦大桥段：借助杨浦大桥下的滨江区域形成工业博览园，将电站辅机厂两座极具历史价值的厂房改建更新为工业博览馆，将大桥下的空旷场地改造为工业主题公园，形成内外互动的综合性博物馆群和工业博览园。

十七棉纺织厂段：本段联系了滨江景观带与十七棉纺织厂保留厂房开发的商业建筑地块。

杨树浦电厂滨江段：将曾是远东地区最大火力发电厂的杨树浦电厂滨江段改造成杨树浦电厂遗迹公园，保留码头上的塔吊、灰罐、输煤栈桥以及防汛墙后的水泵深坑，植入咖啡厅、艺术空间、深坑攀岩等场所。

杨浦滨江的大面积独立块状工业用地把滨江岸线割裂成分离的封闭地块，这是滨江区域长期难以贯通的主要原因，而用地的割裂会直接影响到场地的使用和空间的整体性。杨浦滨江南段一期 2.8 km 岸线上有五种不同的断点，根据不同断点的实际情况，设计团队采用了四种连接方法。滨江的起点秦皇岛踏水门，借用轮渡站建筑二层通廊连接；杨树浦水厂，为了绕过需要保留现有功能的生产设施，在靠近水岸的内侧增设了水上栈桥；丹东路轮渡站和宁国路轮渡站，采用搭建起一个二层平台的连接方式，建造成一个望江平台；而最难跨越的断点——杨树浦港，其上架起的一道景观桥，轻盈地跨越杨树浦港直通对岸，形成了滨江岸线上的一处新景点。

5. 理微

（1）防汛墙改造　景观设计师与水利工程师合作，将原来的单一防汛墙改造成两级系统。新的防汛体系以弹性的方式在减少台风和暴雨威胁的同时，丰富了景观地形的变化。第一级防汛墙顶部与保留的高桩码头地面高度相同，形成连续的公共活动空间；第二级防汛墙采用了千年一遇的标准，位置向后退了 20～30 m，完全隐藏在景观覆土和种植地形中。人们在没有意识到防汛墙存在的同时，已经自然地步入了开放的滨江景观空间。景观覆土形成了面对江面坡度为 6％的草坡，可供人们自由停留，舒适地欣赏黄浦江东岸美丽的城市天际线。

消隐的
防汛墙

（2）建筑改造更新　杨浦滨江南段留有众多近代工业建筑，其中不乏被列入上海市优秀历史建筑名录的重点保护建筑。结合其现状，因地制宜进行功能及形式的更新或者保护。

烟草仓库是在杨浦滨江复兴中对既有建筑实现成功转型的一例。烟草仓库始建于 20 世纪 90 年代，建筑共有 6 层，宽 60 m、长 250 m，体量庞大，从视觉上阻断了城市与滨江的联系，同时也阻断了区域内新增的规划道路。建筑内分布有水上职能部门用房、市政网点变电站、公共卫生间、防汛管理物资库等多种功能空间。通过权衡原烟草仓库建筑拆留利弊、尝试土地复合使用以及协调滨江开放空间与城市腹地关联，在保留其一定现有功能的前提下，采用在单体建筑中垂直划分使用权属的方法，将其改造成为集城市公共交通、公园绿地、公共服务于一身，被绿色植物覆盖，紧密连接城市与江岸的建筑综合体——绿之丘。

（3）工业遗存与更新　设计中尽可能地保留了多数的工业设施和装备，并将其融入新的景观系统中。场地中所有的高桩码头都被保留并重新利用以避免不必要的新建工程费用的增加以及水域面积的减少。高桩码头宽阔的尺度与强大的承载力非常适合作为大型活动的场地。码头上 10 t 级码头起重机完全保留并成为新的视觉焦点。将起重机脚轮的形式应用于长凳设计，长凳放置在河边的保留轨道上。根据安全要求在码头上设置了栏杆，避开了所有现有的系缆桩。原始混凝土地坪通过抛丸平滑处理，保留了使用的痕迹，也令步行体验变得更为安全和舒适。整个项目使用的材料包括预制混凝土、透水混凝土、彩色沥青，这些材料最接近旧码头的质地，并带来整体和连续的铺装效果，而放弃使用天然花岗岩饰面。

工业遗存
与更新

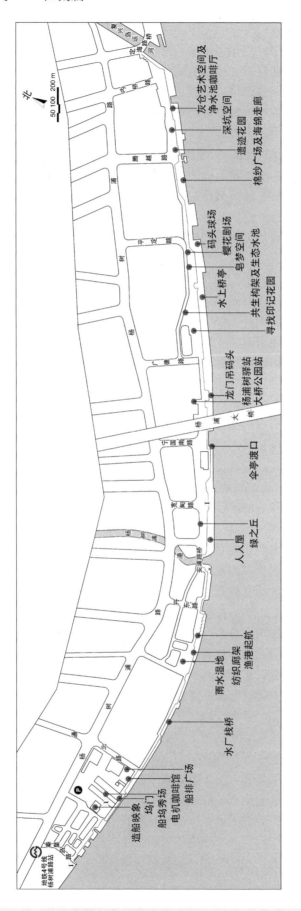

杨浦滨江绿地秦皇岛路渡口—上海国际时尚中心段平面图

（4）生态修复　在水厂和渔人码头之间的防汛墙后，原本是一片低洼积水区，有一定数量的水生植被分布。设计中保留原本的地貌状态，形成一片雨水花园。湿地池底不做封闭防渗处理，汇集的雨水可以自由地下渗，补充地下水。同时解决了紧邻历史建筑地坪标高低、排水压力大的问题，也改善了区域内的水文系统。多雨季节还能起到调蓄降水、减轻市政排水网络负担的作用。林下的架空木栈道和休憩平台节点作为生态教育的空间，可以帮助人们进一步了解海绵城市的意义。木栈道采用架空式设计，结合波浪形沟渠，使得雨水的收集更为容易。地下埋设有巨大的雨水收集设备，收集整个场地的雨水并用于绿地的浇灌。在雨水湿地中新建的钢结构廊桥轻盈地穿梭在池杉林中，连接各个方向的路径，同时结合露台、凉亭、展示空间等形成悬置于湿地之上的多功能景观小品。

（5）植景设计　为满足通往江面的视觉通廊的需求，种植设计侧重于上下两个层次。上层主要是乔木，以本土树种为主，其可以稳定生长并抵御台风。下层是各种草本植物，飘摇在江风中可以呈现动态景观，也与厚重的工业遗存形成鲜明对比。高桩码头与陆域之间的岸边采用抛石并种植芦苇，用以减少水体对河岸的冲击。

码头区利用保留闸门及渔货通道在防汛墙外种植耐水湿植物乌桕，突出秋季红叶效果；防汛墙后临江眺望的漫步道两侧种植樱花，慢跑道两侧则错位种植高大榉树，雨水花园区种植水杉、池杉等湿生乔木，形成丰富的空间层次及季相效果。

码头区观赏草

码头区利用原 3 号码头标高较低的特点，覆土种植 1.6～1.8 m 高的芒草，营造具野趣的景观风貌，同时选用狼尾草、细叶芒、矮蒲苇等观赏草。雨水花园中种植芦苇、水葱、香蒲、睡莲等水生植物。

通过耐候钢板塑造的花坛，高桩码头的部分区域被塑造为种植空间。设计改变了人们对于大部分工厂码头以硬地为主的印象，将基地的绿化覆盖率从不到 5％ 提升到 65％，带给人们一个充满绿色的公园体验。

（四）实习作业

①测绘一段滨江绿地平面，并对其空间布局和功能分区进行分析。
②以小组为单位选择一处典型节点空间进行实测，绘制节点平面图、剖面图和透视图。
③任选两处节点空间，速写二幅。

（五）思考题

①现代城市滨水空间规划的基本思路与手法是什么？
②在本案例中设计师如何挖掘场地特质并将其与现代城市功能及景观空间有机结合？

（编写人：夏海燕）

滨江漫步道

滨江跑步道与骑行道

水厂栈桥上的构架

水厂栈桥

码头区观赏草的运用

消隐的防汛墙

主要参考文献

安怀起，2009. 杭州园林 [M]. 上海：同济大学出版社.

卜复鸣，2005. 耦园的植物配置 [J]. 园林（5）：9.

辰植，2011. 从北美区系看上海辰山植物园植物配置 [J]. 生命世界（8）：36-37.

辰植，2011. 矿坑花园：从采石场到奇迹花园 [J]. 生命世界（8）：15-17.

陈从周，1980. 园林谈丛 [M]. 上海：上海文化出版社.

陈从周，2006. 印社说景 [M] // 西泠印社. 西泠印社早期社员、社史研讨会论文集. 杭州：西泠印社.

陈萍萍，2006. 上海城市功能提升与城市更新 [D]. 上海：华东师范大学.

崔心红，张群，朱义，2010. 上海辰山植物园特殊水生植物园和湿生植物园植物设计 [J]. 中国园林（12）：
    58-62.

樊家权，2013. 钱塘楹联集锦 [M]. 杭州：杭州出版社.

符忠宪，2004. 历史见证　艺术长廊——徐家汇公园规划设计浅析 [J]. 建设科技（16）：44-45.

高濂，2018. 四时幽赏录 [M]. 杭州：浙江古籍出版社.

高亚红，吴玲，2012. 太子湾公园植物景观及其空间分析 [J]. 农业科技与信息（现代园林）(4)：73-77.

和坤，等，2004. 大清一统志 [M] //王国平. 西湖文献集成. 第 1 册：正史及全国地理志等中的西湖史料专
    辑. 杭州：杭州出版社.

洪崇恩，2010. 风从辰山吹来——就辰山植物园理论实践与德国规划大师瓦伦丁交谈 [J]. 园林（5）：15-21.

洪泉，董璁，2012. 平湖秋月变迁图考 [J]. 中国园林（8）：93-98.

洪泉，唐慧超，2014. 三潭印月变迁图考 [J]. 中国园林（1）：110-115.

胡永红，2006. 专类园在植物园中的地位和作用及对上海辰山植物园专类园设置的启示 [J]. 中国园林（7）：
    50-55.

胡永红，黄卫昌，彭贵平，等，2010. 辰山植物园景观总体方案与植物设计 [J]. 园林（5）：11-14.

黄彩娣，2000. 弘扬个性，艺术造园——静安公园改建记 [J]. 园林（12）：12-13.

黄厚诚，民国二十四年（1935 年）. 虎丘新志 [M]. 北平：北平友联中西印书馆.

吉南，2009. 海派公园的设计风格与手法——以徐家汇公园为例 [J]. 黑龙江科技信息（22）：321.

计成，1957. 园冶 [M]. 北京：城市建设出版社.

江哲炜，2006. 上海城市绿地植物造景研究——以延安中路绿地和徐家汇公园为例 [D]. 杭州：浙江大学.

金磊，2011. 中国建筑文化遗产 2 [M]. 天津：天津大学出版社.

金学智，2010. 风景园林品题美学 [M]. 北京：中国建筑工业出版社.

居阅时，钱怡，2002. 易学与苏州耦园布局 [J]. 中国园林（1）：4-10.

克里斯朵夫·瓦伦丁，丁一巨，2010. 上海辰山植物园 [J]. 中国园林（1）：4-10.

梁诗正，沈德潜，1993. 西湖志纂 [M]. 上海：上海古籍出版社.

廖嘉元，汤晓敏，2018. 黄浦江中心段滨江公共绿地休憩设施评价与优化策略 [J]. 中国园林，34（9）：84-88.

林霖昌，1987. 杭州西湖防洪问题的探讨 [J]. 浙江水利科技（3）：42-46.

刘成，李渎，2011. 浅论上海工业遗产再生模式——世博背景下工业遗产的昨天、今天和明天 [J]. 华中建筑，
    29（3）：177-182.

刘少宗，1999. 中国优秀园林设计集 [M]. 天津：天津大学出版社.

刘延捷，1990. 太子湾公园的景观构思与设计 [J]. 中国园林（4）：39-42.

麻欣瑶，陈波，2018. 清初孤山园林与自然山水关系研究 [J]. 中国园林，34（5）：140-144.

梅晓阳，邬传丽，2009. 上海辰山植物园湿地专类园规划设计 [J]. 上海建设科技（1）：4-7.

梅瑶炯，2011. 一米阳光——辰山植物园盲人植物园设计 [J]. 上海建设科技（3）：43-54.

孟兆祯，2012. 园衍 [M]. 北京：中国建筑工业出版社.

莫非，2019. 上海市城市绿地系统规划 70 年演变（1949—2019 年）[M] //中国风景园林学会. 中国风景园林学会 2019 年会论文集：下册. 北京：中国建筑工业出版社.

潘谷西，2011. 江南理景艺术 [M]. 南京：东南大学出版社.

钱辰方，1994. 个园历史及其特色 [J]. 中国园林（1）：5-6，48.

上海市绿化管理局，2004. 上海园林绿地佳作 [M]. 北京：中国林业出版社.

邵玉贞，2013. 杭州全书西湖丛书　西湖孤山 [M]. 杭州：杭州出版社.

沈福煦，2000. 西湖十景十谈——苏堤春晓 [J]. 园林（12）：7.

沈福煦，2013. 上海园林钩沉（八）[J]. 园林（2）：8-9.

沈骏，2001. 城市更新中大型公共绿地的建设及其动力机制——以徐家汇公园为例 [D]. 上海：同济大学.

沈骏，2002. 徐家汇公园的规划及设计构思 [J]. 园林（12）：58-60.

施奠东，1995. 西湖志 [M]. 上海：上海古籍出版社.

虽有人做，宛自天开——杭州太子湾公园的景观设计 [J/OL]. 奥雅设计，2013，（4）.

孙筱祥，胡绪渭，1959. 杭州花港观鱼公园规划设计 [J]. 建筑学报（5）：19-24.

孙跃，2019. 明代词人写"湖墅八景"[J]. 杭州（9）：48-50.

唐慧超，金荷仙，洪泉，等，2019. 清西湖行宫园林历史沿革与造园特色研究 [J]. 中国园林，35（4）：58-63.

童寯，2009. 江南园林志 [M]. 上海：同济大学出版社.

王洁宁，王浩，2019. 新版《城市绿地分类标准》探析 [J]. 中国园林，35（4）：92-95.

王林，2016. 有机生长的城市更新与风貌保护——上海实践与创新思维 [J]. 世界建筑（4）：18-23，135.

王锐，2012. 上海辰山植物园儿童园规划设计特点分析 [J]. 农业与技术（4）：105-106.

王艳春，刘建国，2007. 现代园林景观与地域历史文化的对话——徐家汇公园的历史文化保护设计 [J]. 中国园林（7）：43-46.

魏廉，1993. 浙江古今建筑 [M]. 上海：上海科学技术文献出版社.

魏民，2009. 风景园林专业综合实习指导书——规划设计篇 [M]. 北京：中国建筑工业出版社.

吴昌硕，2015. 西泠印社记 [M]. 杭州：西泠印社.

吴仁武，包志毅，2017. 园林植物空间调查和分析——以杭州太子湾公园为例 [J]. 风景园林（2）：102-109.

吴若冰，2019. 女性视角下明清江南宅园空间研究 [D]. 武汉：华中农业大学.

吴玉娟，朱晓芳，2015. 杭州太子湾公园植物配置探讨 [J]. 中国园艺文摘，31（1）：103-108，237.

谢爱弟，2014. 中国大运河（拱墅段）文化遗产保护与利用 [J]. 赤子：上中旬（7）：55-56.

谢明洋，2015. 晚清扬州私家园林造园理法研究 [D]. 北京：北京林业大学.

谢凝高，2005. 国家风景名胜区功能的发展及其保护利用 [J]. 中国园林（7）：1-8.

徐洪涛，2015. "工业锈带"的重生——以上海市杨浦区滨江地带的发展为例 [J]. 华中建筑，33（10）：99-102.

徐磊青，刘念，卢济威，2014. 公共空间密度、系数与微观品质对城市活力的影响 [J]. 新建筑（4）：21-26.

徐磊青，马晨，周峰，等，2015. 轨交站域的人流、商业与城市设计——以上海"静安寺站"和"中山公园站"为例 [J]. 建筑学报（13）：60-65.

徐赞，贺勇，朱博，2012. 杭州市产业类建筑改造得与失——以富义仓遗址公园为例 [J]. 建筑与文化（4）：66-68.

许新，1989. 独具一格的水上庭园——纪念三潭印月建造九百周年 [J]. 浙江农业大学学报（3）：317-321.

杨洁，李鹏宇，2016. 从植物四季变化赏耦园之美 [J]. 浙江农业科学，57（11）：1842-1844.

杨森，王卡，徐雷，2011. 建构杭州运河绿道在城市设计层面的意义——以运河拱宸桥区段为例 [J]. 建筑与文化（2）：101-103.

杨文珍，祝善忠，1999. 中国园林艺术 [M]. 北京：中国旅游出版社.

杨小乐，金荷仙，陈海萍，2018. 苏州耦园理景的夫妻人伦之美及其设计手法研究 [J]. 中国园林（3）：70-74.

应求是，王华胜，2012. 走进花港观鱼 [M]. 北京：中国林业出版社.

余波罗，2012. 关于上海公园绿地设计风格与手法——以徐家汇公园为例 [J]. 现代园艺（6）：113.

余正，2006. 西泠印社志稿 [M]. 杭州：浙江古籍出版社.

俞孔坚，2010. 城市景观作为生命系统——2010 年上海世博后滩公园［J］. 建筑学报（7）：30-35.

岳庙管理处，2011. 历史在这里交织与延续——发掘杭州中山公园的独有魅力［J］. 杭州文博（2）：97-102.

曾丽竹，2016. 耦园之"耦"［J］. 城市地理（20）：251-252.

张华，芦建国，李珍，2011. 杭州：西湖风景园林［M］. //中国风景园林学会. 中国风景园林学会 2011 年会论文集：下册. 北京：中国建筑工业出版社.

张竞，宁惠娟，邵锋，2010. 杭州太子湾公园植物造景特色［J］. 安徽农业科学，38（17）：8879-8881.

张浪，2007. 特大型城市绿地系统布局结构及其构建研究——以上海为例［D］. 南京：南京林业大学.

张浪，2008. 城市绿地系统有机进化的机制研究——以上海为例［J］. 中国园林（3）：82-86.

张浪，2009. 上海城市绿地系统进化背景的研究［J］. 上海建设科技（4）：21-25.

张浪，2014. 上海市基本生态网络规划特点的研究［J］. 中国园林，30（6）：42-46.

张浪，李静，傅莉，2009. 城市绿地系统布局结构进化特征及趋势研究：以上海为例［J］. 城市规划（3）：32-36，49.

张式煜，2012. 上海城市绿地系统规划［J］. 城市规划汇刊（6）：14-16.

张松，2006. 上海产业遗产的保护与适当再利用［J］. 建筑学报（8）：16-20.

张文娟，1996. 上海城市绿地系统规划（1994—2010 年）［J］. 上海建设科技（2）：46-47.

张亚利，2010. 从现代植物园的历史看辰山植物园的建设和发展［J］. 上海建设科技（1）：23-36.

章明，张姿，秦曙，2017. 锚固与游离：上海杨浦滨江公共空间一期［J］. 时代建筑（1）：108-115.

章明，张姿，秦曙，2019. 杨浦滨江杨树浦驿站——人人屋，上海，中国［J］. 世界建筑（1）：76.

章明，张姿，张洁，等，2019. 涤岸之兴——上海杨浦滨江南段滨水公共空间的复兴［J］. 建筑学报（8）：16-26.

郑涵中，2015. 杭州西湖风景区历史变迁初探［J］. 林业调查规划，2015（4）：82-89.

郑瑾，2010. 杭州西湖治理史研究［M］. 杭州：浙江大学出版社.

周维权，1999. 中国古典园林史［M］. 北京：清华大学出版社.

周向频，杨璇，2004. 布景化的城市园林——略评上海近年城市公共绿地建设［J］. 城市规划汇刊（3）：43-48.

朱祥明，庄伟，2010. 上海世博会绿地景观特色的研究与实践［J］. 中国园林，26（5）：6-11.

朱育帆，孟凡玉，2010. 矿坑花园［J］. 园林（5）：28-31.

宗劲松，张皓，咸珣，2010. 激情，求解于绿色——上海辰山植物园建筑设计［J］. 工业建筑（11）：1-5.

图书在版编目（CIP）数据

风景园林综合实习指导. 江南篇 / 裴鸿菲主编. —
北京：中国农业出版社，2022.4
普通高等教育农业农村部"十三五"规划教材　全国
高等农林院校"十三五"规划教材
ISBN 978-7-109-29300-7

Ⅰ.①风… Ⅱ.①裴… Ⅲ.①园林设计-实习-华东
地区-高等学校-教材 Ⅳ.①TU986.2-45

中国版本图书馆 CIP 数据核字（2022）第 057798 号

风景园林综合实习指导　江南篇
FENGJING YUANLIN ZONGHE SHIXI ZHIDAO
JIANGNANPIAN

中国农业出版社出版
地址：北京市朝阳区麦子店街 18 号楼
邮编：100125
责任编辑：史　敏
版式设计：杜　然　　责任校对：周丽芳
印刷：北京通州皇家印刷厂
版次：2022 年 4 月第 1 版
印次：2022 年 4 月北京第 1 次印刷
发行：新华书店北京发行所
开本：889mm×1194mm　1/16
印张：11
字数：315 千字
定价：32.00 元